モルモット飼育バイブル

長く元気に暮らす50のポイント 新版

田園調布動物病院院長 田向健一 監修

メイツ出版

はじめに

モルモットは日本では比較的古くから飼育されているエキゾチックペットの1つです。今までは犬猫は環境的に飼うことができない方が、モルモットは大きさも手ごろなことから飼い始めるというような位置づけでしたが、近年の小動物人気、また、さまざまな品種が出てきたことから、若い世代を中心にSNSなどで盛んに情報共有され、それに伴うように飼育者が増加してきています。

しかし一方で、モルモットの飼育に関する書籍は限られています。そこで、本書は、モルモットを長く健康に暮らす50のポイントとして、モルモットの基本情報、お迎え、世話の

仕方、ふれあい方また高齢化に伴うケアや災害時への対応など踏まえモルモットに関する情報を総合的に掲載しました。

モルモットは、小動物には珍しく声を上げて意思表示をする動物です。餌の時間や嫌なことに対して声を出して感情を表現します。飼い主さんに要求をしっかり伝えることができる動物です。それゆえ、他の小動物たちより飼い主さんとの距離が近くなれるのもモルモットの魅力です

本書が日本で暮らすモルモットが健康で長生きできる一助になれば監修者としてこれほど嬉しいことはありません。

田向　健一

本書の見方

本書はモルモットの適切な飼育法をテーマごとに紹介しています。
ポイントはもちろん、注意することや困った時の対策などを確認し、
素敵なモルモットとの暮らしを楽しみましょう。

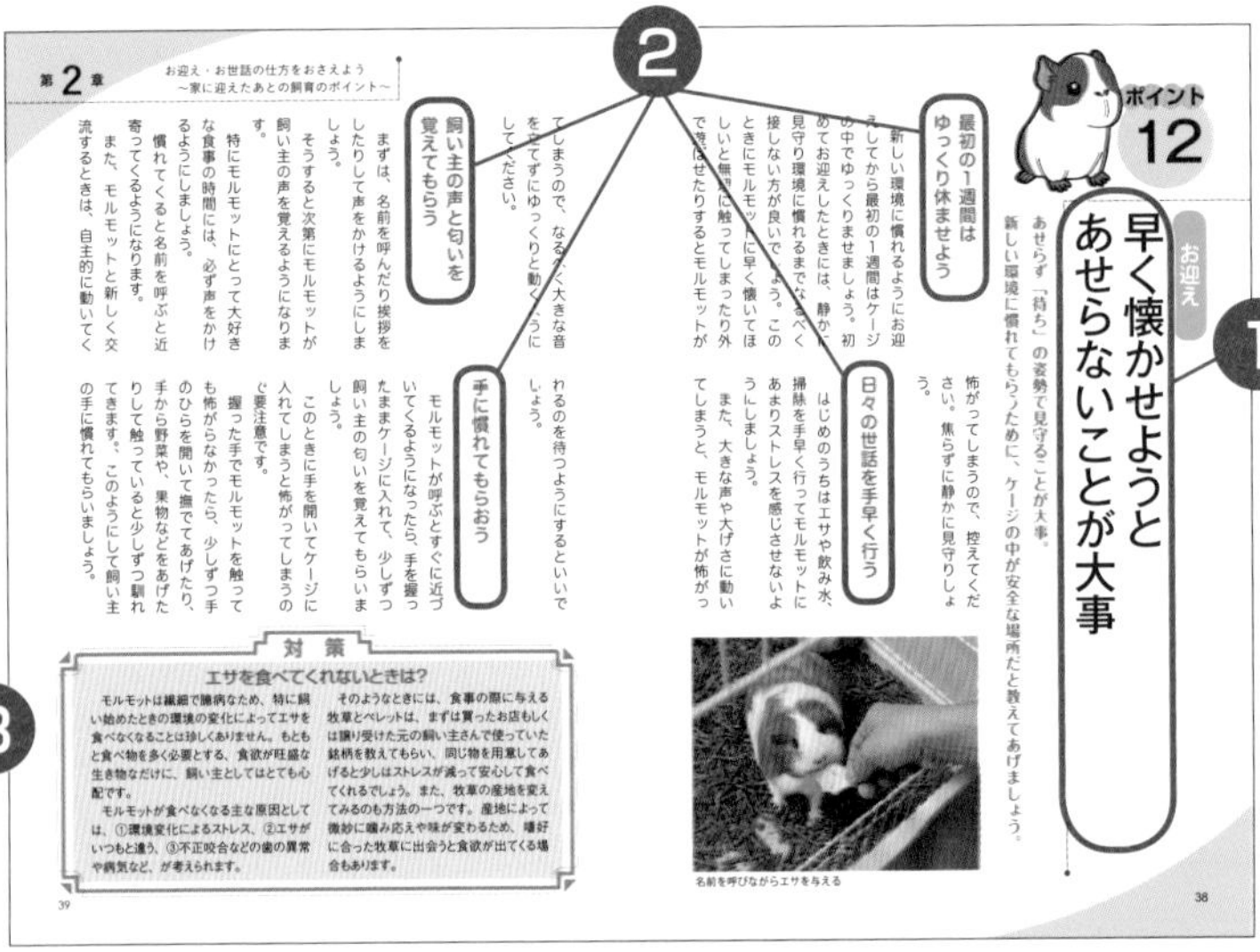

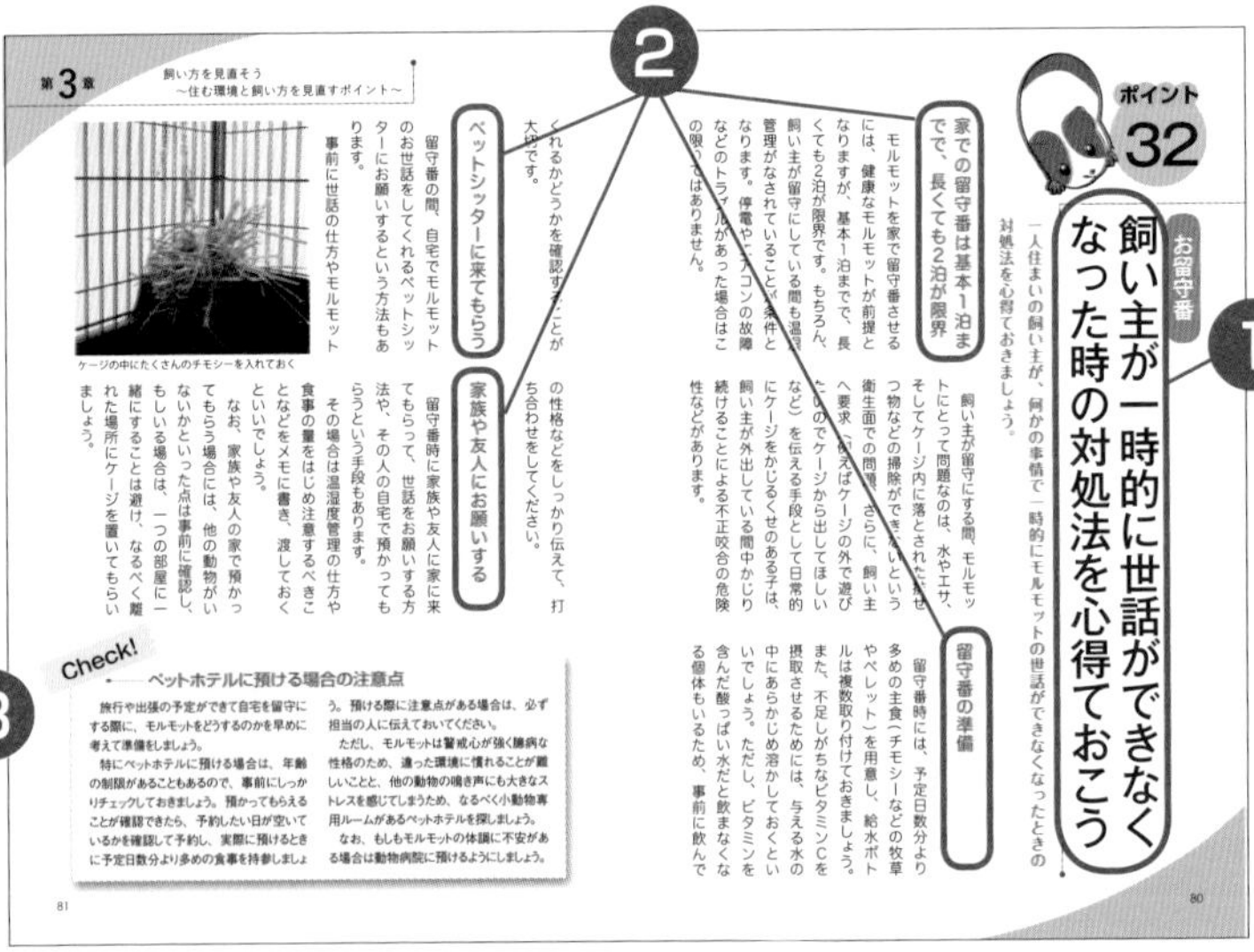

❶各ページのテーマ
飼育者がもつ疑問や目的別に50のポイントでまとめられています。

❷小見出し
テーマに対する具体的な内容を、2～5つの視点で解説しています。

❸対策もしくは Check!
そのテーマによって「対策」もしくは「Check!」のコーナーを設けております。
対策は、テーマに対して打つべき対策を中心に紹介しております。
Check! は、テーマに対する注意点を中心に紹介しております。

モルモット飼育バイブル　長く元気に暮らす50のポイント

目次

※本書は2020年発行の『モルモット飼育バイブル　長く元気に暮らす 50のポイント』を「新版」として発売するにあたり、内容を確認し一部必要な修正を行ったものです。

第2章 お迎え・お世話の仕方をおさえよう
～家に迎えたあとの飼育のポイント～

第3章 飼い方を見直そう
～住む環境と飼い方を見直すポイント～

第4章 ふれ合いを楽しもう
～お互いもっと楽しい時間を過ごすためのポイント～

第5章　高齢化、健康維持と病気・災害時などへの対処ほか
～大切なモルモットを守るポイント～

第1章

モルモットとの暮らしの基本を見直そう

~お迎えの準備のポイント~

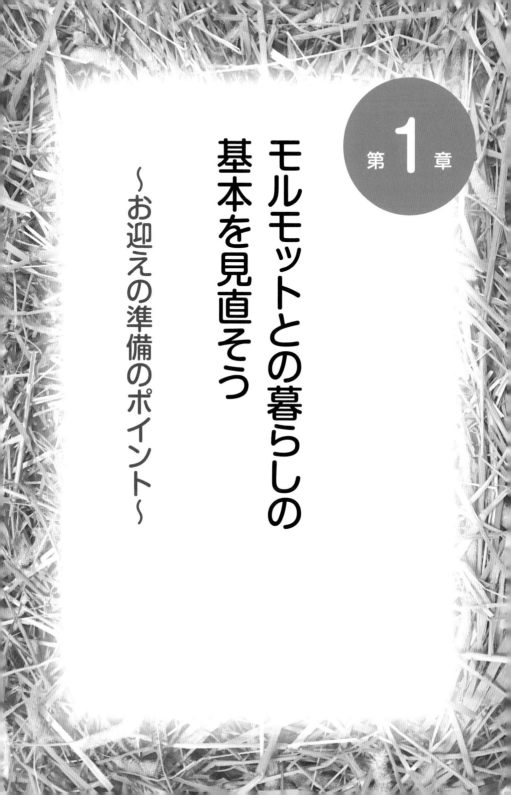

モルモットの基本知識

もう一度見直したいモルモットの特徴と注意点

昔からペットとして知られているモルモットですがまだまだ飼った経験のない人が多い動物。歴史や習性を紐解くことでその素顔を探ってみましょう。

野生の原種は南米

モルモットは、デグーやチンチラ、ハムスターと同じげっ歯目で、テンジクネズミ科テンジクネズミ属の動物です。野生の原種は南米の草原や森林、岩場、沼地などに生息する草食性の動物です。古代インディオで家畜化されたされたものが現在のモルモットです。南米の地域によっては現在でもモルモットが家畜として飼育されています。

警戒心が強い理由

もともと肉食動物から狙われる被捕食性の草食動物であるため、警戒心が強く、穴の中や物陰に隠れてひっそりと過ごす習性が残っています。そのため熟睡しないと言われています。目を開けたまま寝ていることもあります。また、物音にも敏感です。

モルモットは警戒心が強い

群れで活動

原種時代の野生でのモルモットは5～10頭の群れを作り生活していました。そして、仲間同士でコミュニケーションをとることもします。また、その群れの中では順位（優位性）を決めるためにちょっとした喧嘩もします。複数間でコミュニケーションをとることで、モルモットにとって精神的なストレスが減るとも言われています。

群れで生活している

モルモットは夜行性？

もともと夜行性ですので、昼間はうとうとしていることが多く、夕方になると活発に動き出します。

しかし、飼っていくうちに飼い主の生活リズムに慣れてきて、それに合わせて起床・入眠させることが可能です。

対策

飼い主の生活リズムに影響される

前述のように、モルモットは飼い主の生活リズムに合わせて生活することができる動物です。飼い主が、毎日同じ時間に起床し、同じ時間に就寝するといった規則正しい生活リズムをしているのであれば、モルモットも同じように過ごして健康的な生活ができます。しかし、飼い主自身が不規則な生活の場合、それに合わせようとして、モルモットの生活リズムが崩れ、体調を崩してしまうことがあるため、飼い主自身もできるだけ規則的な生活リズムを維持できるようにしましょう。また、モルモットの体調を整えるうえでは、朝は日の光を感じさせ、夜はいつまでも部屋のライトで明るいままにせずに、暗くしてあげることが大切です。

主な品種紹介

ここでは、数ある品種の中から主な5種の品種を紹介します。

イングリッシュ（ノーマル）

300年以上前から、イギリスで改良されてきた短毛種（被毛は直毛で3～4㎝）です。手入れの手間もほとんどかからないため、モルモット初心者には飼育しやすい品種です。毛色のバリエーションも豊富で、臆病ながらも社交的な性格です。別名「ノーマルモルモット」とも呼ばれています。

テディ

ノーマルモルモットの改良品種であるため、野生には存在していません。テディベアのようにくるりと縮れた毛を持つことが特徴で、毛質は柔らかい毛（アビシニアン系）と硬い毛（アメリカン系）の2つに分かれています。

クレステッド

見た目はイングリッシュに似ていますが、その違いは頭部のつむじの毛が逆立っていることです。似ている理由は、もともとイングリッシュを品種改良した種だからです。頭部の毛は少し長いのですが、体の毛は短いためブラッシングの必要はあまりありません。

メリノ

モルモットの品種の中では新しい方の品種（テッセルとクレステッドの掛け合わせ）で、長毛種でしかも縮れ毛、頭につむじがあります。毛に汚れが付きやすく、また、毛玉にもなりやすいので、毎日のブラッシングが欠かせません。比較的上級者向けの品種と言えます。

スキニーギニアピッグ

子豚のような見た目から「スキニーギニアピッグ」と呼ばれています。この品種には、鼻・足先に多少毛が残るタイプと全身無毛のタイプがあります。毛が無い分、飼い主には毎日のブラッシングなどの手間は省けますが、室内の温度管理や皮膚病などにかからないように注意しながら飼育していく必要があります。

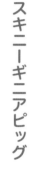

ポイント 2

モルモットの基本知識

人とモルモットの歴史 ～日本でのペットの始まりはたった2匹から～

人間とモルモットの出会いの始まりを知りましょう。

インカ帝国の人々が食用家畜として

もともと人とモルモットとの関わりは、南米コロンビアを中心に位置するアンデス地方に生活する原住民の食用として家畜化されていたと言います。

１５３０年代に、スペイン人が今の南米ペルーやボリビア、エクアドルを中心にして建国されたインカ帝国に侵攻した際、現地の人々は「クイ」と呼んで食用に家畜として飼育されていたことが資料として残されています。

ペットとしてヨーロッパに広がる

ヨーロッパでは、１６００年代にドイツ兵によって持ち出されて広められました。当時のヨーロッパでは、上流階級の人々の間だけではなく、幅広い社会階級で広くペットとして飼われていたと言います。当時の絵画にモルモットの姿を見ることができます。

実験用に用いられる

モルモットが実験動物として用いられたのは、１７８０年にアントワーヌ・ラヴォアジエというフランスの化学者によって発熱実験に使われたのが最初だとされています。

今日においても実験用動物とし

て用いられていますが、その主な理由として、繁殖能力が高いことや、薬物に対する感度が高くアレルギーに対する反応が人間に近いこと、さらに生体内でビタミンCを合成できない点が人間と同じであること、また、同じ条件の個体を安価で大量に用意できることなどが挙げられます。

日本では江戸時代末期にオランダ人から

日本では江戸時代末期1843年にオランダ人から、オスとメスを1匹づつ長崎に持ち込まれました。そして、明治時代以降になりますが、その後一般の人々の間で愛玩動物（ペット）として飼われるようになりました。

Check!

名前の由来

日本で一般的に使われる「モルモット」という名前、いつから呼ばれているのでしょうか?

この呼び方の由来は、オランダ人から日本に持ち運ばれた際に、当時の日本人に英語やオランダ語で言う「marmot（マーモット）」（リス科のげっし動物）と間違えて伝えてしまったことが始まりだとされています。そこから「モルモット」という呼び方に変化したということです。

また、別名を「テンジクネズミ」と言います。これは、明治時代に動物学会で行われた和名統一の際に、リス科のマーモットとの混同を避けたネーミングとして付けられました。テンジクは、漢字で書くと「天竺」となり、当時の日本人はインドのことをそう言っていました。

つまり、インドからやってきたネズミという、人々の誤解からそう呼ばれていました。一方、英名ではguinea pig（ギニーピッグ）と言います。つまり、「（西アフリカの国）ギニアの豚」という意味です。モルモットを正確に表す言葉ではありません。なぜそのような動物名がついたのでしょうか?「ギニア」という言葉の由来として幾つかの説があります。

まず、イギリスに初めてこの動物が持ち込まれたとき、持ち込んだ船がアフリカのギニア（現ギニア共和国）経由の船で、その当時のヨーロッパ人にとってはギニアと聞くと漠然とアフリカを想像し、そこから転じて「遠方の地」を表す言葉となって、この名が付けられたとする説。

また、別の説では、もともとの原産地である南米のギアナ（Guyana／南アメリカ大陸北東部の大西洋に面した地方）の転訛としてこの名が付けられたとする説。さらに別の説として、当時発見した人がギアナとギニアを混同してしまい、ギアナ・ピッグとすべきところギニア・ピッグと名付けてしまったという説、などがあります。

ポイント 3

モルモットの基本知識

モルモットは音や振動にとても敏感なので、ストレスを感じやすい

モルモットの感覚器官の働きを知って生活を知りましょう。

①視覚

モルモットの目は顔の両脇についており、視力自体はあまりよくありませんが、敵から身を守るために動体視力に優れ、しかも視野範囲は３４０度ととても広いです。

②聴覚

聴覚がとても発達しており、離れたところでの人の声やわずかな物音（フードの袋を開ける音など）でも聞き分けることができます。人が騒ぐ声や他のペットの鳴き声が聞こえるような場所ではストレスを感じやすく、そのストレスが続くと食欲低下、軟便や下痢などで体をこわしかねません。

③嗅覚

視力がよくないために、その分嗅覚はとても敏感です。ほんのか

目を動かさなくても約 340 度見渡すことができる

すかな匂いを嗅ぎ分け、特に好きな食べ物の匂いにはすぐに気づきます。また、他の個体の臭いも嗅ぎ分けることができます。

④ひげ

モルモットにとって大切な感覚器官で、物との距離や物の大きさ、道の幅、広さを判断します。

⑤その他

振動にも敏感なので、子供が近くでドタバタと走り回って遊んでいたり、家の近くに大きな道路があって、そこを通る自動車の振動が伝わったりするような場所もストレスとなります。

ひげは大切な感覚器官

◆身体の平均値

体　長：約20cm～30cm

体　重：オス・約900g～1,200g／メス・約700g～900g

心拍数：150～400/分・体　温　38度～40度

呼吸数：90～150/分・寿　命：6～8年

ポイント4

モルモットの基本知識

その後のお付き合いを考えて、どこからお迎えするかを考えよう

モルモットをお迎えするには、ペットショップやブリーダー、里親募集、知人に譲ってもらうなどの方法があります。

どこからお迎えするかは慎重に選ぼう

お迎え先を間違えて「こんなはずじゃなかった」という結果になってしまっては本末転倒です。どこからお迎えするかは慎重に考えて選ぶようにしましょう。

また、自分でもモルモットについて事前に勉強しておき、知識を蓄えておいてください。そして、自分と相性の合うモルモットを時間をかけて探しましょう。

ペットショップからお迎えする場合

ペットショップからモルモットをお迎えする方法が最も一般的です。親身になって対応してもらえるペットショップを選ぶと飼育前のアドバイスももらえて、あとで何か困ったことが起きても質問や相談などができてとても安心です。

また、ケージやエサ、飼育グッズを一緒に購入できるというメリットがあります。

ブリーダーからお迎えする場合

離乳するまで親や兄弟と一緒に住んでいるモルモットをお迎えしたい場合や、2匹以上の飼育を検討している場合は、多頭飼育をしているブリーダーからお迎えすることをおすすめします。屋外の移動に慣れていないモルモットのために、移動するのにあまり時間がかからないように、なるべく自宅の近くでお迎えするようにしましょう。

里親募集でお迎えする場合

里親募集の場合は、さまざまな条件の提示がありますので、まずはそれをしっかり確認する必要があります。事前に有料なのか無料で譲ってもらえるのかを確認する必要があります。譲ってもらうときに個体の性格や個性についても詳しく話を伺っておきましょう。また、受け渡し方法をどうするかも事前にしっかり確認して、お迎えの準備をしましょう。

Check!

お迎えするときに注意したいポイント

モルモットをお迎えする際に、後悔しないためにも、チェックしておきたい大切な項目がいくつかあります。以下の項目に多く該当するとその後の飼育に苦労することが多いです。

□不衛生な環境の中で飼育されてないか
□離乳が早すぎないか
□小さすぎないか
□痩せていないか
□元気がないか
□人との接触を嫌がるか
—など。

また、インターネット上だけのやりとりのみで、購入する動物を事前に会って確認することなく輸送して届けてもらうことや、動物取扱業として登録されている住所以外の場所で受け渡しをすることなどは動物愛護管理法で禁じられています（2019年6月の動物愛護管理法の改正）。

以上のことを事前に確認し、トラブルを防ぎましょう。健康状態もしっかりチェックしてください。

モルモットの基本知識

オスは甘えん坊、メスはクールでマイペースな性格

モルモットのオスとメスの身体的特徴や基本的な性格の違いを知っておきましょう。

オスとメスの体の違い

体はオスの方がメスよりも大きくなります。

生まれたばかりのモルモットのオス・メスを区別するのは非常に難しいのですが、ある程度成長してくると、オスは生殖器が膨らんできてコロッとした円形になり、メスは生殖器がY字にくぼんでくることで、見分けがつきやすくなります。

オスの性格

甘えん坊な性格で、飼い主とのコミュニケーションをより好む傾向があります。よく遊んであげましょう。

なお、平和主義なモルモットですが、オス同士が一緒のケージで暮らすと優劣を競うためにケンカをすることもあります。オス同士は喧嘩は意外と激しいと言われます。そのため、オスは1匹で飼うのがおすすめです。

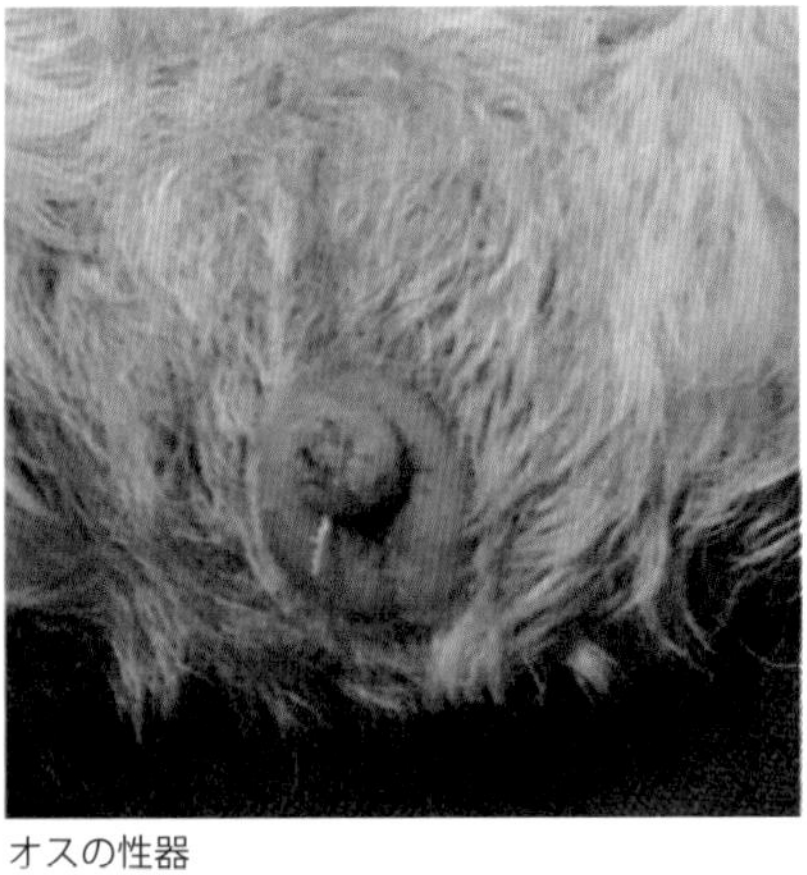

オスの性器

メスの性格

オスに比べて比較的マイペースであり温厚な性格ですが、その反面、われ関せずといったクールな面もあります。しかし、慣れてくるとオスよりも人なつっこくなることが多いです。また、子供と一緒に過ごす習性から、オスと違ってまわりに他のモルモットがいても気になりません。そのため、多頭飼育ならばメスがおすすめです。

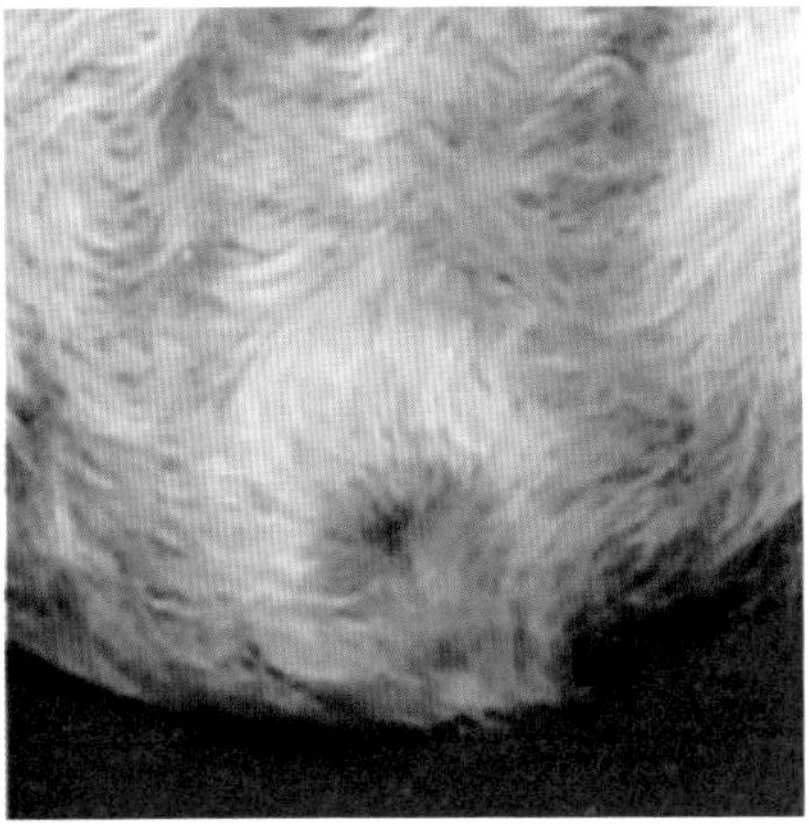
メスの性器

オスとメスの違いよりも個性を知ることが大事

オスとメスは一般的には前述したような性格の特徴がありますが、モルモットそれぞれの個性によって性格はまったく異なります。

人間と同じように、オスのような性格のメスやメスのようなオスもいます。オスかメスかではなく、飼っているモルモットの個性をしっかりと理解しましょう。

なお、モルモットも他の動物と同じように上下関係を決める動物です。複数が同じケージ内にいると思わぬ性格に気づかされることがあります。

対策

お迎え先でのモルモットの性別判断が間違っていた?!

モルモットをお迎えしたあとに、あらかじめ聞いていたのとは違う性別だったとわかることがまれにあります。

オスだと言われて購入したら、飼育しているうちに妊娠して、メスであったことが発覚する場合や、同じ性別同士のモルモットを購入したつもりが実はオスとメスで、予定外に妊娠してしまったというケースもあります。

心配な場合は動物病院に行って、性別の判断をしてもらいましょう。

一般的にモルモットの雌雄判別は他のげっ歯類よりも難しいと言われています。それは、生殖器と肛門の距離の差が少ないからです。幼体時での性別判断は特に難しいと言われています。そのことによって、プロでもごくまれに間違えてしまうことがあるようです。

ポイント 6

お迎えの準備

個体選びは、健康で元気なことが大事

できるだけ長く一緒にいたいから、健康な子を選びたい。

個体選びの際のチェック

まずは外見からモルモットの健康をチェックしましょう。以下の項目に該当数が多いと、何らかの病気を患っている可能性があります。

健康のチェックポイント

- □目やにが出ている
- □目に輝きがない
- □毛並みが悪い
- □脱毛している
- □鼻水が出ている
- □口からよだれが出ている
- □食欲がない
- □体に傷がある
- □頻繁に頭を振っている

可能であれば抱かせてもらおう

気になるモルモットを見つけたら、可能であれば抱かせてもらったり触らせてもらったりして、どんな性格なのかをチェックしましょう。

自身の手を怖がる場合は、まだ人に慣れていない状態で、警戒心が強く懐きにくい可能性があります。店員さんに懐いているモルモットは、飼い主にもなつきやすいとも言われています。

生後1～2ヵ月程度の子をお迎えするのがおすすめ

モルモットは、生後4ヵ月程度で成熟します。あまり大きくなってくると警戒心も強まるため、その後の飼育で、飼い主が抱っこしても怖がらない関係になる段階まで懐かせるのに、かなりの時間がかかることもあります。ですので、生後1～2ヵ月程度の子をお迎えするのがおすすめです。

なお、この頃はまだ小さいので、部屋の温度や湿度、体調管理などには十分に気をつけてあげてください。また、ストレスをためないように、ケージ内には隠れ場所や休める場所を置いてあげてください。

ペットショップやブリーダーなどを回って比較してみる

飼おうと決めたら、ペットショップやブリーダー、もしくは里親募集で実際にモルモットに会いに行き、比較するのもいいでしょう。

お店やブリーダーの自宅、保護施設に行くときには、予約が必要なこともあるので確認しましょう。

昼間は寝ていることが多く、本来の性格がわかりにくいかもしれませんが、気になった子がいたら何度か会いに行ったり、抱っこしたりして触らせてもらうのもおすすめです。その際に、ポイント4で紹介した「お迎えするときに注意したいポイント」のチェック項目を参考にしてみてください。

Check!

モルモットを飼う前に

モルモットは穏やかでおとなしく、人懐っこい魅力的な動物です。

ただし、すでにモルモットを飼ったことがある方は経験があるかもしれませんが、モルモットを飼育する上では、良いことだけではなく大変に思ってしまうこともあるでしょう。

可愛いモルモットと毎日の生活を楽しむためには、飼い主が持つべきいくつかの心構えがあります。飼育する前に、次の項目をチェックしておきましょう。

①モルモットが病気になったときに、診てもらえる病院が近くにあることを知っている

②水や餌の交換、トイレの掃除を毎日行う

③エサ代や消耗品代、病院代などモルモットの飼育にはお金がかかることを心得ている

④モルモットの習性や個性を積極的に学ぶ姿勢がある

⑤最後まで、しっかりと面倒を見る

ポイント7

お迎えの準備

飼い主が初心者のうちは単頭飼育で

モルモットを飼うなら多頭飼育もいいものですが、まずは、単頭飼育から。

モルモットの飼育に慣れていないうちは単頭飼育がおすすめ

モルモットは本来群れで生活していた動物です。ですので、生活の基本は複数の仲間がいるなかで共に生活ができます。しかし、飼い主が飼育に慣れないうちは、まずは単頭飼育をすることをおすすめします。単頭飼育している間に、モルモットの特徴を知り、お世話するコツを覚えてから多頭飼育をしましょう。

多頭飼育の場合は個々の相性を見極めよう

ふだんおっとりしていておとなしいからといって、縄張り意識や上下関係（序列）への意識が無いわけではありません。同じケージのなかでは、特にオス同士は序列を決めるためにケンカを始めることがあります。また、メス同士や親子間、相性の合わない者同士にもケンカは見られます。ですので、最初から同じケージに入れることは、危険があるので控えましょう。

多頭飼育が物理的できるかどうかも見極めが大事

多頭飼育しようとする場合、そもそも飼育にかかるエサ代などの金銭的な問題はもとより、前項で述べたように、お互いの相性をみるため、最初はケージを隣同士にしてお互いの様子を観察することから始めます。そのため、複数のケージを持つ必要があったり、一緒にしたときには広めのスペースを確保したりする必要があります。また、毎日の掃除の手間はその頭数に応じて2倍、3倍となっていきます。個々の健康状態を把握できなくなることもあります。さらに、飼い主がアパートなどの共同住宅に住んで飼育する場合は、鳴き声などの音や臭いなども近隣に迷惑がかからないかを見極める必要があります。

同居の組み合わせ

同居をさせてうまくいくのは、基本的にはメス同士です。もちろん前述のように相性をよくチェックしてから同居させるのが無難です。異性同士を一緒にしてしまうと血が繋がっていても交尾をしてしまうので、繁殖を望まない場合は必ずケージを分けて飼育をしましょう。

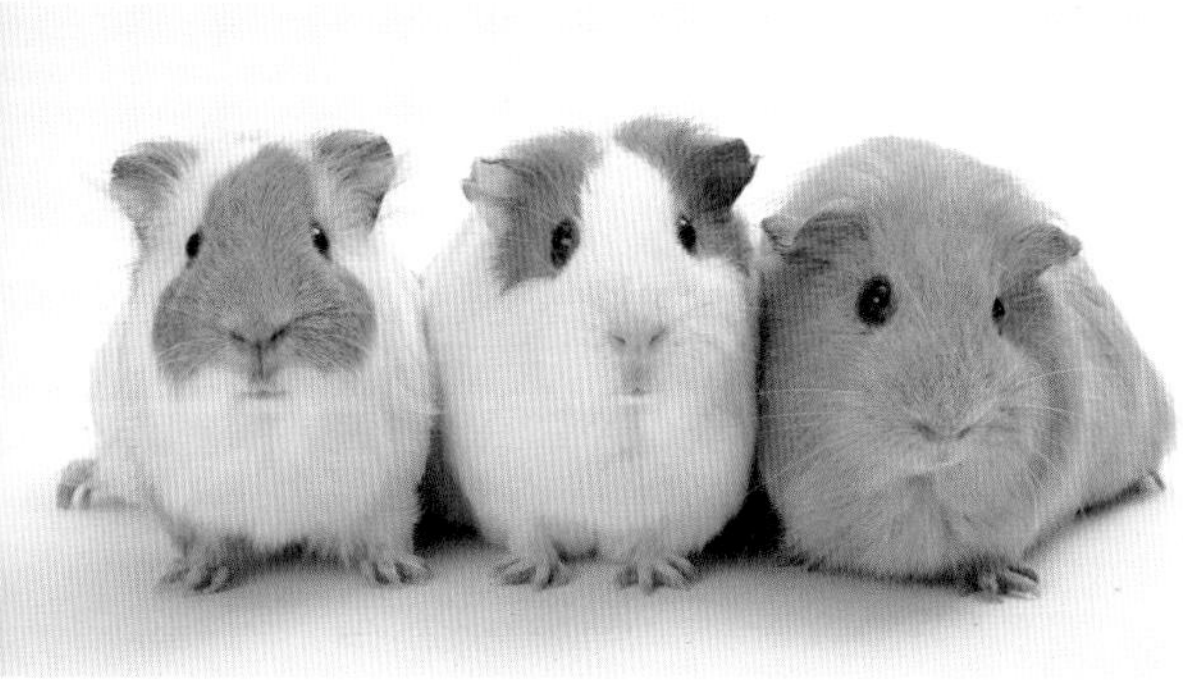

3頭のイングリッシュ（メス）

対策

モルモットを一人暮らしの人が飼う場合

動物が好きで、一人暮らしの飼い主がモルモットを飼育している場合もあります。

一人暮らしで飼う場合は、モルモットとコミュニュケーションをとる時間をできるだけつくってあげる必要があります。

モルモットは寂しがりやです。そのような動物を飼うということは、それに合った責任を負わなければなりません。

エサ代や飼育用品を買い揃えるための費用や、病気になったら病院に連れて行く時間と費用がかかります。また、どんなに疲れて家に帰っても、毎日の掃除や食事を与えるなどの世話をしなければいけません。夏場や冬場は24時間エアコンをつけて部屋の温度調整を行う必要があります。

一人暮らしの人の場合に限りませんが、最後まで大切に面倒を見ることができるのか、よく考えてから飼育しましょう。

ポイント8

お迎えの準備

ケージは、30～40センチ程度の高さがあって網の目が細かく広さがあるものを選ぼう

ケージを準備して、楽しく安全にお迎えしましょう。

ケージは30～40センチ程度高さのあるものを

成熟したモルモットは高く跳べないため、ケージの高さはそれほど必要としませんが、子どものうちはジャンプ力があります。飼育する個体にもよりますが、高さは30～40センチ程度はあるものを選びましょう。

出入口が大きいケージは掃除が便利

ハウスやエサ入れなどの出し入れがしやすい出入口が大きめなケージは、掃除する時に便利なのでおすすめです。

正面入り口以外にも天井が開くタイプのものはケージの上部のものを取り出しやすいです。

好ましいケージの例（W620 × D505 × H500mm）

底トレーを引き出せるタイプのものやケージにキャスターがついているタイプのものも掃除のときに使いやすくていいでしょう。

段ボールや木箱は避けよう

段ボールは汚れを吸収しやすく、しかもかじって穴が開いたり誤飲したりする危険性があります。また、段ボールや木箱は通気性が悪いため、ケージ代わりに使用するのは避けた方が良いでしょう。

金網が錆びにくく網の目が細かいケージが安心

ケージの金網はステンレス製など、錆びにくくモルモットがかじっても安全なものを選びましょう。

また、金網が細い場合は簡単にかじって壊してしまうので丈夫な金網でできたケージを使用してください。

さらに、モルモットが脱走してしまうことのないように、網の目が細かいものを選ぶと安心です。

また、脱走しないようにナスカンで出入口をロックするといいでしょう。

対策

衣装ケースでケージをつくる際の注意点

家にある、もしくは安価なプラスチックの衣装ケースをケージにして使うこともできます。しかし、その際には何点かの注意が必要です。

温度や湿度には注意する必要があります。天井を網にして風通しを良くすることはもちろん、構造的に空気がこもりがちなので、通気口（空気穴）が必要です。また、置き場所も注意が必要です。直射日光などの当たらない場所で、かつエアコンの風が直接当たらない場所に置きましょう。ただし、湿度がありすぎる浴室の近くはNGです。

床材としては、毎日の清掃がしやすいように新聞紙をリサイクルしてできたトイレ砂を使うといいでしょう。スノコは、モルモットの足が引っかかって骨折につながる恐れがあるので注意が必要です。モルモットはよく食べるので、排せつもよくします。スノコは常に洗い替えを用意しておきましょう。

ポイント 9

お迎えの準備

ケージの中には必要なものを準備してあげよう

ケージの中には、ハウスや隠れ家、エサ入れ、給水ボトル、かじり木、床材は必ず用意しておきましょう。

身を隠して安心な場となるハウス、隠れ家

モルモットはとっても臆病で警戒心の強い性格のため、身を隠す場所を必要とします。隠れて安心する場所です。ですので、ケージの中にはハウス（ポイント11参照）、隠れ家は必ず入れてあげましょう。この場所がないと、日々の生活の中で大きなストレスとなります。また、ハウス自体が遊び場になることもあります。設置場所としては、床の上、つまり低い位置にするのが望ましいです。

隠れ家の例

エサ入れや給水ボトルは置き場がポイント

エサ入れは毎日取り出す必要があるので、ケージの入り口など出し入れしやすい場所に置きます。給水ボトルは飲みやすい位置に設置し、いつでも新鮮な水が飲めるようにしましょう。

なお、給水皿のように床に置くタイプだと容器の中に手足を入れたり、フンや尿が入ったりするなど不衛生な状態になりますので、ケージに掛けるタイプのガラス製の給水ボトルがおすすめです。

エサ入れの例

給水ボトルの例

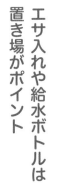

かじっても安心なかじり木

　モルモットの歯は生涯伸び続けます。そのため、絶えずなにかをかじります。かじることで歯の伸びすぎを防止したり、前歯の不正咬合を予防したり、気晴らしやストレスを解消させたりしているのです。そのためにかじっても安心なかじり木があると便利です。逆に無いと、ハウスはもとより（かじり木があってもハウスはかじりますが）、ケージを出した際に私物や家具をかじられてしまうことがあるので注意しましょう。

トイレ砂の例

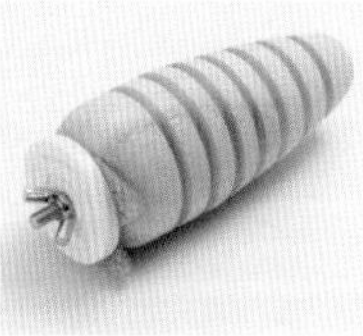
かじり木の例

床材は手間と費用を考えてベターな方法を

　ケージの種類にもよりますが、床材が金網になっている場合、モルモットにとっては足を痛めることもあるため、金網を取り外し別の床材を入れることをおすすめします。前述したように、新聞紙をリサイクルしてできたトイレ砂（「イエスタデイズ ニュース」などの製品名で販売されている）がおすすめです。そのほか、床材として牧草や木材のチップを使用する方法もあります（詳しくは次ページ）。ただしいずれにせよ、そこに排せつ物が付着するため、毎回付着した部分を取り除く必要があり、その分手間と費用がかかります。

対策

モルモットはトイレを覚えない！？

　体の大きさの割にはたくさん食べるため、その分フンや尿は大量です。そのため、飼い主の希望としては、一定の場所に設置したトイレでしてほしいと思うのですが、モルモットはトイレを覚えないと思ってください。無理にトイレの躾をしようとして、できないからと叱るのはストレスとなりますので、やめましょう。特にモルモットは基礎代謝率が高いために、おしっこは排せつを我慢することができません。尿意をもよおしたら、場所や時間に関係なく、すぐにその場でおしっこをしてしまいます。ただし、フンに関しては、その場所の隅っこや角で排せつしてしまう場合が多いですが、これも個体によると言えます。

ポイント10

お迎えの準備

居心地の良い飼育グッズを選ぼう

モルモットが快適に暮らせるグッズを揃えましょう。

ナスカン

モルモットが知らないうちにケージから脱走しないように、ナスカンを施錠して脱走対策をとりましょう。

また、扉の開閉がゆるくなったときにも利用できます。

ナスカンの例

季節グッズ

季節に合わせて、熱中症防止に大理石やアルミでできた涼感プレート、寒さ対策にペットヒーター、湿度対策に除湿機を使用してください。

ケージに直接置くタイプ

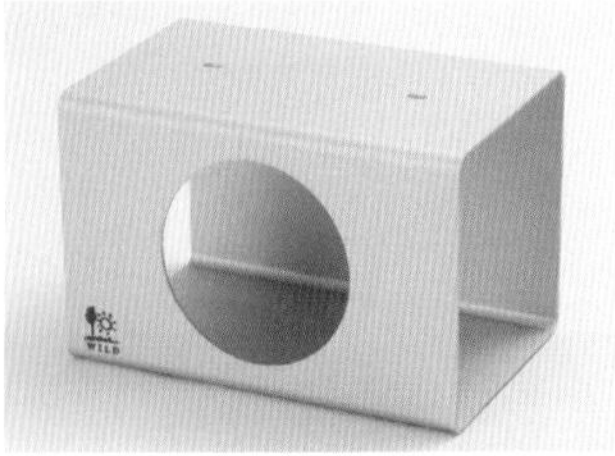

季節グッズの例

と吊るすタイプがあるので、個体に合わせて選びましょう。

その他ケージの下に敷く床材やマット

ケージの下に敷く床材は、前述の木製スノコのほか、木材のチップ（おがくず）やチモシーなどの牧草、樹脂マットなどがあります。

木材のチップは吸水性が良く、足にも優しいです。広葉樹の白樺やポプラのチップがおすすめです。松や杉などの針葉樹は病気になる可能性があるので、必ず加熱処理済みのものを選びましょう。

牧草は水分を吸水しやすく、さらさら感を保ち、体に汚れがつきにくいバミューダグラスが最適です。

最近では足に優しく掃除も簡単な樹脂マットを使用する飼い主も多くおすすめです。

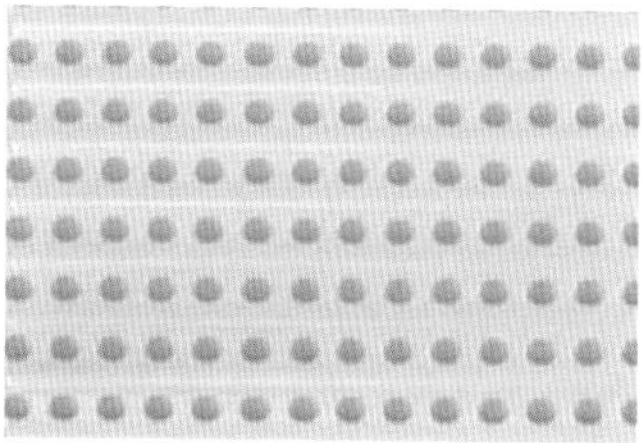
樹脂マットの例

木材チップの例

牧草

ケージの中の床材（チモシー）

体重計

モルモットの毎日の健康管理に便利な飼育グッズです。

1g単位で測れるものでも良いですが、0.1g単位で測れる体重計があると子どもの体重も把握できて安心です。

一般的には容器にモルモットを入れて重さを測るケースが多いので、容器を置いてから重さを0にセットできるデジタルスケールがおすすめです。

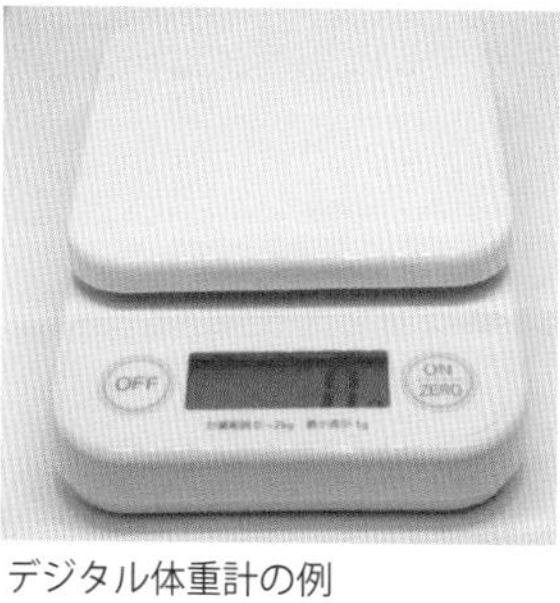

デジタル体重計の例

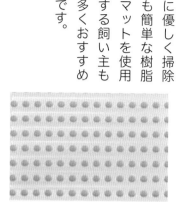

ポイント11

お迎えの準備

おもちゃ類などもモルモットの飼育には欠かせない

その他、モルモットの飼育に欠かせないグッズを知りましょう。

ハウス

前述の通り、ハウスは欠かせないアイテムです。ハウスには木製や牧草製、陶器製などがあります。なかでも木製や牧草製のハウスは冬の防寒対策としても使えますが、短期間でハウスをボロボロにしてしまう個体もいます。それらの素材のハウスは消耗品として、あらかじめそのことを考えてから購入を検討しましょう。

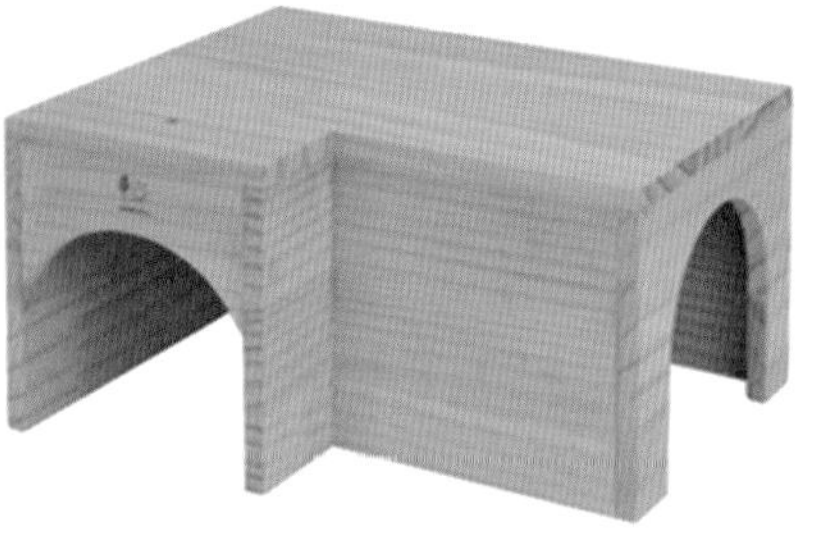

ハウスの例

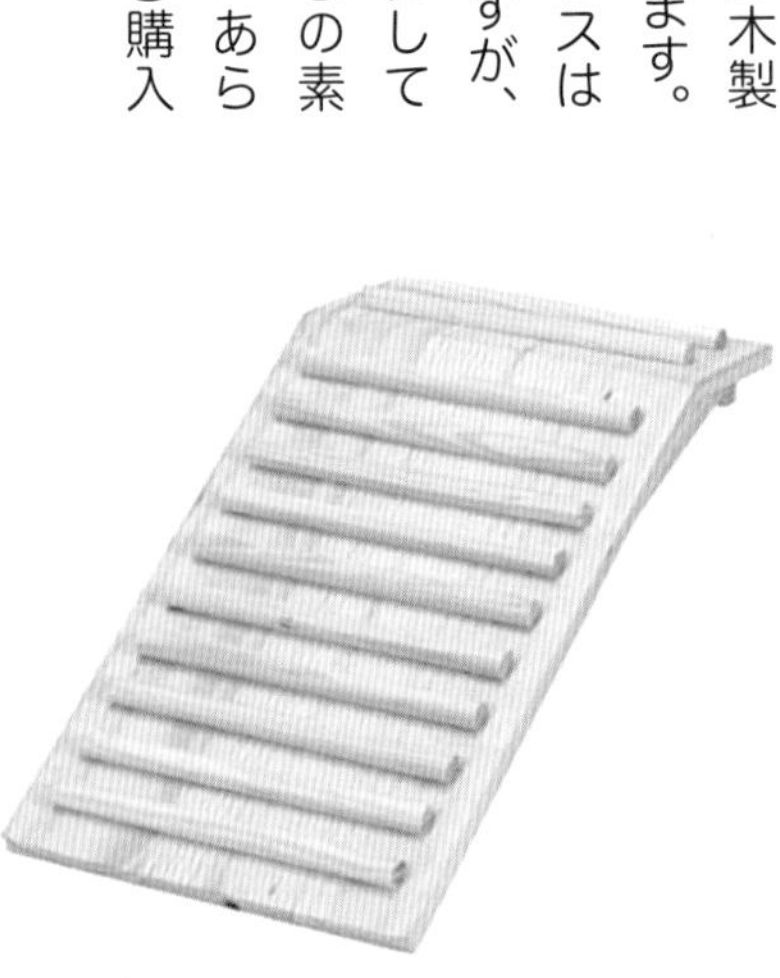

ステップの例

ステップ

ステップを活用することで、モルモットが立体的に活発に動くことができるようになります。運動不足解消にも一役買います。

おもちゃ類

かじり木や牧草でできたおもちゃなどモルモットが大好きなかじれるおもちゃを与えましょう。退屈しのぎやケージの金網かじり防止にもなります。運動をさせる場合には、飼い主の目が届く範囲で、ケージの外に遊ぶ場所をつくってあげると良いでしょう。ただし、その際は、思わぬ事故に遭遇しないためにも安全対策としてサークルを使いましょう。

トンネルの例

その他おすすめの飼育グッズ

その他にも、モルモットはトンネルをくぐるのが大好きなので、トンネルを置くのもいいでしょう。

ケージの金網かじりをする子には、かじれるおもちゃのほかに木製のかじれるフェンスをケージ内に置くと金網かじり防止につながるので、おすすめです。

おもちゃの例

Column 1

ヘアレスモルモット（スキニーギニアピッグ）の魅力にひかれて（その1）

本書で、ポイント1の主な品種で紹介したスキニーギニアピッグですが、日本で代表的なブリーダーである宮西万理さんに日本のヘアレスモルモットの現状と繁殖や販売を始める経緯などのお話を聞きました。

ヘアレスモルモットを専門に扱うきっかけ

今のお仕事をはじめた動機は、小さい頃から動物が大好きだったため、動物に関する仕事をやりたくて始めたという。きっかけは、2015年のこと、インスタグラムを通じてアメリカのヘアレスモルモット専門ブリーダーと知り合いました。それは、彼女がインスタグラムでスキニーの写真をたくさんアップしている中に、日本語で「日本の深刻なブリーダーを探しています」という記述があり、「深刻なブリーダーって何?」と思って連絡したのがきっかけでした。その人は、スキニーギニアピッグを100匹以上育てているブリーダーさんです。

「彼女は日本がとても好きで、大好きな日本で販売されているスキニーギニアピッグの品質がアメリカ基準から言うと低い（毛が多い、理想的な体形ではない）ことが気になっていたそうです。なので、理想的なスキニーを日本で広めたいという思いがあったようで、ずっと日本人ブリーダーさんを探していたそうです」。

早速、宮西さんがメッセージを送ると、とても喜んですぐ仲良くなりました。

それ以来、彼女から飼育方法について教えてもらったり、お互いに家を訪ねたり、スキニーの輸入を計画したり、一緒に電子書籍を出版したりと色々な企画をしています。

双方の行き来により親交を深める

その後、2016年、彼女が私が住んでいる香川県を2週間訪ねてきてくれました。その流れで「ぜひ私のところ（カリフォルニア）にも来てくれ」ということで、2017年、アメリカ、カリフォルニアに行きました。

そこでは、彼女の飼育を手伝ったり、モルモット輸入のための手続きをしたり、週末に動物保護施設が開催しているモルモットを公園で遊ばせる会を見に行ったりしました。帰国する際には、このブリーダーさんが育てているスキニーを10匹ほど連れて帰ってきました。

そして、2016年10月から本格的に日本でブリーダー兼販売店を開店しました。

現在、宮西さんのお仕事内容は、

- アメリカの提携ブリーダーさんからモルモットの輸入。
- ヘアレスモルモットのスキニーギニアピッグ、ボールドウィンの飼育と販売。
- 販売したモルモットのうち、飼い主さんが飼いきれなくなった場合は引き取って里親を探す。
- ブログにて、飼育方法の発信。
- お譲りしたモルモットに関する質問にお答えする。
- 電子書籍を出版し、スキニーギニアピッグ、ボールドウィンをもっと世の中に知ってもらう。

といった活動を積極的にされています。

（コラム2に続く）

第2章

お迎え・お世話の仕方をおさえよう

～家に迎えたあとの飼育のポイント～

ポイント 12

お迎え

早く懐かせようとあせらないことが大事

あせらず「待ち」の姿勢で見守ることが大事。
新しい環境に慣れてもらうために、ケージの中が安全な場所だと教えてあげましょう。

最初の1週間はゆっくり休ませよう

新しい環境に慣れるようにお迎えしてから最初の1週間はケージの中でゆっくり休ませましょう。初めてお迎えしたときには、静かに見守り環境に慣れるまでなるべく接しない方が良いでしょう。このときにモルモットに早く懐いてほしいと無理に触ってしまったり外で遊ばせたりするとモルモットが怖がってしまうので、控えてください。焦らずに静かに見守りしょう。

日々の世話を手早く行う

はじめのうちはエサや飲み水、掃除を手早く行ってモルモットにあまりストレスを感じさせないようにしましょう。

また、大きな声や大げさに動いてしまうと、モルモットが怖がっ

名前を呼びながらエサを与える

てしまうので、なるべく大きな音を立てずにゆっくりと動くようにしてください。

飼い主の声と匂いを覚えてもらう

まずは、名前を呼んだり挨拶をしたりして声をかけるようにしましょう。

そうすると次第にモルモットが飼い主の声を覚えるようになります。

特にモルモットにとって大好きな食事の時間には、必ず声をかけるようにしましょう。

慣れてくると名前を呼ぶと近寄ってくるようになります。

また、モルモットと新しく交流するときは、自主的に動いてくれるのを待つようにするといいでしょう。

手に慣れてもらおう

モルモットが呼ぶとすぐに近づいてくるようになったら、手を握ったままケージに入れて、少しずつ飼い主の匂いを覚えてもらいましょう。

このときに手を開いてケージに入れてしまうと怖がってしまうので要注意です。

握った手でモルモットを触っても怖がらなかったら、少しずつ手のひらを開いて撫でてあげたり、手から野菜や、果物などをあげたりして触っていると少しずつ慣れてきます。、このようにして飼い主の手に慣れてもらいましょう。

対策

エサを食べてくれないときは?

モルモットは繊細で臆病なため、特に飼い始めたときの環境の変化によってエサを食べなくなることは珍しくありません。もともと食べ物を多く必要とする、食欲が旺盛な生き物なだけに、飼い主としてはとても心配です。

モルモットが食べなくなる主な原因としては、①環境変化によるストレス、②エサがいつもと違う、③不正咬合などの歯の異常や病気など、が考えられます。

そのようなときには、食事の際に与える牧草とペレットは、まずは買ったお店もしくは譲り受けた元の飼い主さんで使っていた銘柄を教えてもらい、同じ物を用意してあげると少しはストレスが減って安心して食べてくれるでしょう。また、牧草の産地を変えてみるのも方法の一つです。産地によって微妙に噛み応えや味が変わるため、嗜好に合った牧草に出会うと食欲が出てくる場合もあります。

飼育のポイント

汚れることが多いケージ内の掃除は毎日2回が基本

掃除が一番の体調管理。不衛生は病気の元です。排せつ物を確認して体から出る大事なサインを受け取りましょう。

1日2回はケージ内をきれいにしよう

健康なモルモットはよく食べ、よく排せつします。ゲージの下に敷いた牧草などの床材や、スノコの下の新聞紙やペットシーツはよく汚れますので、1日朝夜の2回は交換することをおすすめします。

床材に牧草を使用している場合、一見きれいな状態のように見えても、おしっこがかかっている場合もあります。かかったまま放置しておきますと、強い悪臭の原因にもなりますので、念のためすべてを交換するようにしましょう。

掃除をしながらケージ内の状態を確認し健康チェックを行おう

ケージの掃除をする際に、モルモットがどれくらいハウスやグッズをかじっているのか、食べ残し

健康な状態のフン

はないか、足をひっかけそうな部分がないか、ケガをしてしまいそうな場所がないかなどをしっかり確認することを習慣づけてください。

また、掃除をしながらモルモットがふだんと変わったところがないか、ケガをしていないか、元気そうかなど、健康チェックを行うといいでしょう。

お皿や給水ボトルの清掃も忘れずに

床に置く水入れやエサ入れなどのお皿の底には、食べかすやフンなどがたまっている場合があります。また、モルモットは日常的に口の中に食べ物の残りかすが入っています。そのため、水を飲むときに中の水を汚してしまいがちです。したがって、給水ボトルは飲み口だけでなくボトルの中まで洗いましょう。

モルモットがなめても大丈夫な除菌消臭剤を選ぼう

ケージの外で排せつしてしまったときやケージ内の掃除のときに除菌消臭剤を使用すると便利です。除菌によって衛生的な環境をつくり、病気を防ぎます。

なお、使用する消臭剤は、動物や人体にも有害な二酸化塩素やエタノール、界面活性剤、防腐剤等が使われていない、モルモットがなめても体にかかっても安心な小動物用のものを選びましょう。

対策

モルモットの臭い対策について

モルモットから臭いがすることにはさまざまな原因があります。なかでも、皮脂腺から出る分泌液が、気になる主な臭いの原因になっていることがあります。

皮脂腺は、肛門よりも少し上の部分（臭腺とも言う）と首から背中にかけて存在します。特に強い臭いを発するのは肛門よりも少し上の部分（臭腺）です。

オスやメスが発情期になるとこの量が増えて独特の気になる臭いを発します。臭腺はオスの方がメスよりも発達しており、臭いも強いです。しかもオスの発情期は不定期で、個体によってはしょっちゅう発情することも珍しくありません。それゆえに、特にオスを飼育している飼い主のなかには、臭いに悩まされる人が多くいます。

臭腺の臭い対策は、その部分を常に清潔に保つのが効果的で、具体的には、小動物用の安全な消毒液などでふいてあげるのがいいでしょう。

ポイント
14

飼育のポイント

主食の牧草はライフステージに合わせて与えよう

代表的な主食・チモシーは、モルモットの体の状態に合わせて与えましょう。

モルモットの主食とは？

モルモットは完全な草食動物で、原種は山岳地帯において野草の茎や根っこ、樹皮などを食べていました。

主食としては生の牧草や乾草とビタミンCやその他の必要栄養素を摂取するペレットを与えます。

生の牧草や乾草にはさまざまな種類がありますが、なかでも低カロリー・低カルシウムで高繊維質なイネ科の牧草・チモシーを主に与えましょう。チモシーは噛み応えがあるため、歯の伸びすぎ予防や腸の活性化を促進します。

上手な牧草の与え方

モルモットは体の割に多くの量を食べます。1日あたりのエサの量は成長期で体重の8％、大人は6％が目安と言われています。モルモットは沢山のエサが目の前にあっても食べ過ぎることはありません。自分で自らの適量がわかるので自由菜食させて構いません。一日中いつでも牧草は食べられるようにして下さい。

なお、成長期や妊娠期・授乳期にはマメ科の牧草・乾草であるアルファルファを加えると良いでしょう。

ただし、アルファルファは栄養価が高いため、健康な大人のモルモットに与えすぎると肥満になってしまうケースもあるので注意しましょう。

その他の牧草はおやつにするといいでしょう。

その他与えられる牧草

嗜好や栄養の偏りを防ぐために、さまざまな牧草を与えるのもいいでしょう。

チモシーやアルファルファ以外にライグラス、オーチャードグラス、クレイングラス、オーツヘイなどの牧草も与えられます。

1番刈りチモシー

アルファルファ

3番刈りチモシー

2番刈りチモシー

Check!

モルモットの代表的な主食と与え方

チモシーは1年に3回収穫できるので、1番刈り、2番刈り、3番刈りがあります。全年齢を対象として主食として与えたい食べ物です。また、アルファルファは、成長期の子どもや妊娠期・授乳期のメスに、いつもの食事に加えて与えたい食べ物です。

生牧草や乾草	ライフステージ	特徴
チモシー	全年齢	特に1番刈りは高繊維質で硬いため不正咬合防止にも最適。2番刈り、3番刈りは1番刈りに比べて柔らかくて食べやすいため、1番刈りをあまり食べたがらないときなどに量を追加してあげると良いでしょう。
アルファルファ	子ども（成長期） 妊娠期や授乳期のメス	タンパク質やカルシウム、カリウム、ビタミンA、カロチンが豊富に含まれています。

ポイント 15

飼育のポイント

栄養補助食としてペレットは1日2回あげよう

自分で自由にエサをとりに行けない飼育下のモルモットには、主食として牧草のほかにペレットを与えましょう。

ペレットは主食として与えよう

主食としては牧草のほかにペレットを与えます。

チモシーなどの牧草のみでは、必要な栄養素が足りません。特にビタミンCはモルモットにとって必須栄養素なのですが、体内では作り出せないため、食べ物から摂取する必要があるのです。その点で、モルモット専用のペレットには必ずビタミンCが含まれています。なお、モルモットに与えるペレットはモルモット専用のものを与えてください。

与えるタイミングと回数

ペレットは1日2回、朝と夜、決まった時間に分けて与えましょう。

モルモットは夜行性なので、夜のみ与えるか、朝は少なく夜は多めに与えると良いでしょう。

与えた後で、エサ入れにペレットが残っていても全て新しいものと交換してください。

そして、記載の分量を参考に、

栄養豊富なモルモットフードの例

体格や運動量などに合わせて与えましょう。

また、ペレットは古くなるとカビが生える恐れがあるので、賞味期限をチェックして、冷暗所に密封して保管しましょう。

ペレットの上手な選び方

ペレットは口コミやネットでの評価、ペットショップの店員さんに話をよく聞いて、評判のいい銘柄を購入するようにしましょう。具体的には、信頼できるメーカーのもので、原材料や栄養成分が明記されていて、着色料や保存料をなるべく使っていないものを選びましょう。

なお、栄養成分では、繊維質が少なく糖質やでんぷんが多いペレットでは、腸炎や消化管のうっ滞になりやすくなるため注意が必要です。少なくとも繊維質15％以上のものを選びましょう。

ペレットの銘柄を変える場合

ペレットの銘柄を急に変えるとモルモットが下痢をしたり食欲が落ちたりする場合があります。

そこで、今まで与えていたペレットに新しく与えるものを少しずつ混ぜて、徐々に新しいペレットの量を増やしていくようにしましょう。

牧草も同じことが言えますが、突然まったく新しいエサに変えないようにしてください。

Check!

ペレットを与えすぎないようにしよう

牧草とペレットの違いの一つに、食べるときに「歯をどのくらい使うのか?」という注意するべき点があります。牧草は臼歯をまんべんなく使いますが、特にペレットは砕けやすく、すぐに食べられます。

ペレットばかりを与えると臼歯が削れず、不正咬合などの歯の病気が起こりやすくなる可能性が考えられます。

さらに、ペレットの食べすぎで肥満になってしまうというデメリットもあります。

大人の健全なモルモットには、基本的に臼歯が削れるように牧草を食べさせて、食物繊維をおおいに摂取させ、歯や体のトラブルを未然に防げるように配慮しましょう。

ちなみに、1日に与えるペレットの量は平均10〜20gが目安とされています。

飼育のポイント

副食の野草や果物などはモルモットの様子をみて与えるようにしよう

主食のほかに副食を与えましょう。ただし、与えすぎには注意しましょう。

野草類

必ずしも食べさせなければならない食材ではありませんが、モルモットの食欲を刺激するために有効な食材です。野草にはビタミンCをたくさん含んでいるものが多くあります。

タンポポ、ハコベ、ヒレハリソウ、ノコギリソウ、フキタンポポ、クローバー、オオバコ、レンゲ、シロツメグサ、ナズナ、エノコログサなどは与えて良い野草です。

野草は買いに行かずとも、庭や近所の公園、川原などでも採取できる経済的な食材となりますが、モルモットにあげるには、新鮮で安全なことが条件です。

あげるときには、必ず農薬や除草剤、イヌ、ネコの排泄物、車の

野草　ハコベは道端、空き地、畑などで見つけることができる

野菜　チンゲンサイ

排気ガスの影響を受けていないかを確認し、念のために水洗い（洗剤使用は不可）してあげましょう。

野菜類

野菜は毎日食べさせてあげましょう。ビタミンCを摂取するためにも有効な食材です。ニンジン、白菜、ピーマン、パプリカ、ブロッコリー、カブの葉、カリフラワー、キャベツ、キュウリ、シュンギク、ホウレンソウ、小松菜、サツマイモ、サラダ菜、セロリ、大根の葉、チンゲン菜、トマト、ミツバなどを与えることができます。生野菜は水分が多いので、与えすぎると軟便や下痢になる恐れがあり、注意しましょう。ですので、乾燥野菜か水分の少ない緑黄色野菜であるチンゲン菜や小松菜などを中心に与えると良いでしょう。

果物類

モルモットの食欲を刺激するために有効な食材です。ビタミンCをたくさん含んでいますが、同時に糖質が多いため、過度には与えないようにしましょう。肥満や糖尿病、虫歯のリスクもあります。

ミカン、リンゴ、イチゴ、バナナ、キウイフルーツ、ナシ、モモ、パイナップル、パパイヤなどは与えても良い果物です。果物類をおやつとして与える場合は、そのままの果実を切って少しだけ、もしくは乾燥して販売されているものを少量与えましょう。

対策

冷えたエサは常温に戻してから与える

与え方の注意ですが、特に夏には、鮮度を保つため冷蔵庫で保存した食べ物をそのまま与えてしまいがちです。しかし、モルモットは冷たい食べ物、飲み物が大の苦手です。ですので、冷蔵庫から出した物は常温に戻してから与えましょう。また、冬に水が冷たいときにはぬるま湯を足してあげるといいでしょう。

果物　ドライバナナ

ポイント 17

飼育のポイント

おやつの上手なあげ方を知ろう

モルモットとのコミュニケーションやストレス発散に使う目的で与えましょう。

おやつを与える目的はコミュニケーション

おやつは、主食や副食とは分けて考え、与える食べ物です。おやつを与えることによって、主食の量が減ることのないようにしましょう。おやつの与え方としては、モルモットとのコミュニケーションやストレス発散に使う目的で与えます。

ちなみに、おやつとして与える食べ物には、主に生の果物類やドライフルーツ、野草やハーブ、サプリメントなどがあります。

生の果物類やドライフルーツ

前項で述べたように、生の果物類やドライフルーツは、与えすぎると肥満や虫歯の発生が心配されます。果物は食べさせて良いもの（ポイント16参照）、悪いもの（ポ

おやつを与えている様子

イント18参照）を参考にして、少量を与えるようにしましょう。

野菜や野草、ハーブ類

おやつとして与える野菜や野草、ハーブ類も前項と同様に食べさせて良いもの（ポイント16参照）、悪いもの（ポイント18参照）を参考にして、少量を与えるようにしましょう。特にハーブ類はその種類によって薬効が異なるため、成分などを確認して与えるようにしましょう。ハーブ類の中では、気にせずに与えられるものとして、バジルやイタリアンパセリ、ルッコラなどがおすすめです。

なお、モルモットが自ら好きで食べる野草と食べない野草があります。特定の野草を食べようとしない場合は、念のため与えない方が良いでしょう。

サプリメント

ビタミンCや乳酸菌が配合されたもので、固形のタブレットやゼリー状のもの、また、粉末状のものが市販されています。特に粉末状のものは、飲み水に混ぜて与えますが、水が酸っぱくなって嫌がるモルモットもいます。いずれにせよ、与える際には、好みを確認しながら与えるようにしましょう。

ごほうびにおやつを与えている

対策

モルモットは食糞する

食糞とは、モルモットが自分の排せつ物である「フン」を食べる行動のことをいいます。このフンは「盲腸便」とも呼ばれています。これは、一度では吸収できなかったタンパク質などの栄養や、盲腸内の細菌により合成されたビタミンBなどが含まれているフンを再度体内に取り入れることで、必要な栄養素を取り入れる行動です。決して異常な行動ではありません。大切な栄養素を食べているだけです。

盲腸便自体は通常のコロッとしたフンよりも少し柔らかい「軟便」なのですが、それ以上に柔らかいフンは下痢の可能性があります。健康管理の観点からも、下痢の場合は獣医さんに診てもらうか、もしくは副食やおやつで与えている食べ物などからの水分の取りすぎが原因だとすれば、水分の多い食べ物（野菜や果物など）の量を減らして様子を見るようにしましょう。

ポイント 18

飼育のポイント

食べさせてはいけない食べ物や食べ物の正しい与え方を知っておこう

モルモットに与えてはいけない食べ物を知っておくことや、与えても良い食べ物の正しい与え方を知っておきましょう。

野草類

アサガオ、ヨモギ、ヨモギギク、イラクサ、ワラビ、イヌホウズキ、ドクゼリ、ホオズキなどの野草は、食べてしまうと中毒を起こす危険性があるため、食べないように注意しましょう。

アサガオ

野菜類

玉ネギや長ネギなどのネギ類やニラ、ジャガイモの芽、ジャガイモの皮、アボカド、ニンニク、トマトのヘタ・茎、生の豆類など。ジャガイモの芽以外は、人が日常的に食べていて何の中毒も起こさない食材ですが、モルモットには有毒な食材となりますので、絶対に食べさせてはいけません。

玉ネギ

ナッツ類

モルモットは繊維質をエネルギー源としているため、脂肪分はあまり摂取する必要はありません。それに反してアーモンドやくるみ、カシューナッツなどのナッツ類は脂肪分が多過ぎ、与えると体調不良を起こす恐れがあります。

アーモンド

観葉植物

スズラン、クレマチス、クロッカス、シクラメン、シャクナゲ、ニチニチソウなど、観葉植物の中には毒性のある植物が多いです。部屋んぽなどで飼い主がちょっと目を離したすきにかじることのないように注意しましょう。

スズラン／鉢植え、庭植えは散歩の際に注意

与えても良いが注意が必要！

与えても良い野菜に、ニンジンやキャベツ、キュウリ、シュンギク、ホウレンソウなどがありますが、実はそれらの野菜には、生で摂取するとアスコルビナーゼ（アスコルビン酸酸化酵素）というビタミンCを破壊してしまうやっかいな酵素が含まれています。したがって、ビタミンCを摂取させるために与えるエサと一緒に与えてしまうと、その効果が得られません。ですので、それらの野菜を与えるときは単品もしくは乾燥状態のもの、あるいは、茹でたりすることで酵素の働きを無効にしてから与えると良いでしょう。

ニンジンは注意が必要

飼育のポイント

給水皿よりも給水ボトルがおすすめ

モルモットはよく水を飲みます。水はいつでも飲めるようにしてあげましょう。

給水ボトルを使用するのがおすすめ

給水ボトルで水を飲んでいる様子

日本の水道を飲み水として与えても、何も問題はありません。

水を飲む方法は給水ボトルと給水皿がありますが、モルモットが移動で皿を踏んだり蹴ってこぼしたりしないように給水ボトルを使用することをおすすめします。

また、モルモットはかじることが大好きなので飲み口がステンレス製かガラス製のボトルを使用するといいでしょう。

床置きの給水皿で水を飲む場合は

モルモットの中には給水ボトルからは水を飲まずに、給水皿から水を飲む子もいます。

給水皿で水を与える場合、給水ボトルに比べて一般的に異物が混入しやすく、水も汚れやすいです。

したがって、給水ボトルよりも注意して見てあげなくてはなりません。

1日1～2回は新鮮な水と交換しよう

日ごろ与えている主食の牧草やペレットなどは水分が少ないため、給水ボトルから水分を自発的に摂る必要があります。

なお、モルモットは嗅覚が発達しているため、鮮度の悪い水はストレスの原因になります。したがって、新鮮な飲み水を毎日与えて、モルモットが飲みたいときにいつでも水が飲める環境をつくりましょう。

ただし、飲みすぎて下痢を起こしている場合には、様子を観察しながら給水量を控えめにしましょう。また、下痢の原因が直接給水ではなく水分の多い生野菜などの食べ物の場合でも、給水量を控えめにしましょう。

その他給水ボトルから与える際の注意点

モルモットは水を飲む際にボトルの吸い口から食べかすを戻してしまうことがあります。

そのため、外側からはきれいに見えても汚れていることがよくあるので、清潔さを保てるように水を交換する際に汚れた水を捨ててボトルの中をよく洗うようにしましょう。

モルモットが1日に飲む水の量は、100～500ccと言われています。水を必要以上に飲む場合は糖尿病の可能性も考えられます。

給水ボトルを交換する際には、水の量をよく確認しましょう。

対策

モルモットが水を飲んでくれない!?

モルモットは本来的にデリケートな生き物です。そのため、飼い始めの頃には急な環境の変化によって水もエサも口にしなくなることがあります。また、水道水のカルキ臭を嫌がって飲まなくなる場合もあります。

前者の場合は、少しづつ環境に慣れてもらうことで、ふだん通りに水を飲んでくれるようになるでしょう。後者の場合は、水道水をすぐには与えずに、１日置いてから与えるようにすると良いでしょう。これも水道水に慣れてくると1日置かなくても飲んでくれるようになります。

モルモットの健康を考えて小動物用の水や浄水スティックを利用するのもいいでしょう。

ポイント20

飼育のポイント

プラスチックは要注意、木製品は消耗品と心得よう

モルモットはかじる習性のある動物です。かじることを前提に飼育用品を選びましょう。

モルモットはかじる動物だと心得る

モルモットはなぜ、かじり木やステージ、木箱などあらゆるものをかじるのか、疑問に思うこともあるでしょう。

その答えは、ストレスを解消させることと伸び続ける歯を削るためです。また、歯が伸びるとかゆみが生じます。ですので、必ず何かをかじるという行為は、モルモットを飼育する上では必ずつきまとう習性だということを覚えておきましょう。

おもちゃを与えて病気やストレスを防ぐ

物をかじれなくなってしまうとストレスがたまり体調をくずす恐れがあります。歯が削れずに伸びすぎると不正咬合を招いてしまいます。

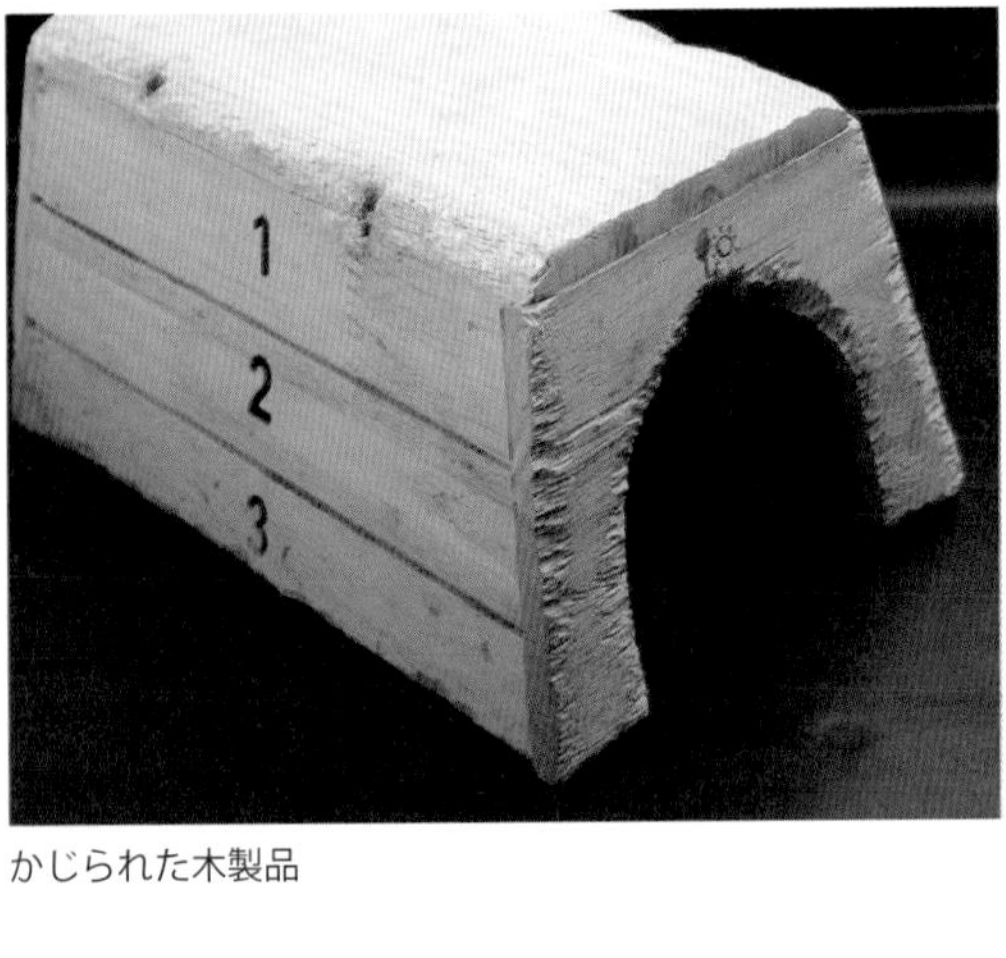

かじられた木製品

モルモットにとってかじることは、健康を維持するためにもとても大事なことなのです。

安全にかじれるおもちゃをモルモットに与えて、自由にかじれるようにしておきましょう。

なお、部屋んぽのときなどは、電源コードもかじるので、周辺に置かないようにするか、コードにカバーをつけておきましょう。

陶器製の食器や木製やわら製のおもちゃを選ぼう

プラスチック製品や布製のものをかじると、細かい破片や綿がお腹の中に、たくさんたまってしまい、腸閉塞などの病気を発症してしまうことがあります。

そのトラブルを防ぐために、食器は陶磁器やステンレス製、または強化プラスチック製のかじりにくい材質のものにしたり、おもちゃは木製やわら製の物を選びましょう。

なお、その個体によって性格も好みも異なるため、どんなおもちゃが合っているのか、楽しみながら探していきましょう。

おもちゃの種類と注意点

モルモットがよく好んで遊ぶおもちゃには、かじり木や床に転がすボール、トンネルなど、さまざまな種類があります。

どれもかじられても何も問題のない物を与えましょう。例えば、木を好んでかじるからといって、与えた木に着色料が使われていたり、合板やベニヤ、接着剤が使用されていたり、防虫・防腐剤が使用されてたり、また、釘などが使用されていたりするとモルモットがケガをしたり健康を害することにつながりますのでやめましょう。

かじり木やステップ、木箱は消耗品とみなす

かじり木やステップ、木箱などは、いずれなくなる消耗品として考える必要があります。

壊れてきたり、かじった跡がとがっていたりしてケガの危険性を感じたりしたときには、すぐに新しいものと交換できるように余分に用意しておくといいでしょう。

ポイント
21

飼育のポイント

快適で過ごしやすい温度は23度前後、湿度は40%以上

モルモットが快適で過ごしやすい環境づくりには温度と湿度の調整も欠かせません。

野生のモルモットは乾燥寒冷地帯で暮らしていた

元来の野生のモルモットは、南米の乾燥した高地に暮らしていて、気温が低く湿度がほぼ0％の環境です。

ですので、高温多湿な環境には大変弱い動物です。

そのため、日本でモルモットを飼育するには、温度や湿度を整えることが絶対条件となります。

地域や気候にもよりますが、だいたい4月ごろからエアコンを使い始めて、温度や湿度が上がる6～10月頃まではエアコンを24時間かけっぱなしにしておくことをおすすめします。

ただし、モルモットの健康維持のためには、期間を限定せずに通年でエアコンをかけて一定の温度や湿度を保つことが好ましいです。

湿度計付き温度計／快適な温度は 20℃～ 26℃、湿度は 40%～ 60%

エアコンと温湿度計は必須

モルモットの飼育にエアコンと温湿度計は欠かせません。

しかし、適温は個体によって異なるので、飼育しているモルモットが寒そうにしていないか、暑そうにしていないか状態を確認する必要があります。

モルモットの快適温度は18℃～26℃（毛のないスキニーギニアピッグは20℃～）です。モルモットの生活に支障が出ない位の温度は15℃～30℃、湿度も30％～70％位だと言われています。

最悪でもモルモットのいる場所がこの範囲内には必ず収まるように室内の温度・湿度を保ちましょう。

エアコンや部屋の床の清掃もこまめに

モルモットを飼育すると、モルモットが居住しているケージのある部屋に、日常的に毛が舞う（スキニーギニアピッグを除いて）ようになります。

そのため、こまめにエアコンや部屋の床の掃除を行う必要があります。

ケージ内の清掃だけではなく、その周辺の、人が生活する居住空間の清掃もこまめに行う必要があります。

対策

モルモットの換毛期

モルモットは換毛期が年２回、年間を通して冬から夏にかけての時期と夏から冬にかけての時期にあります。

具体的には春の換毛期には冬毛から夏毛になり、秋の換毛期には夏毛から冬毛に換わります。

これが原則ですが、飼育環境下では、モルモットの換毛期は必ずしも毎回決まった時期や回数のサイクルで来るとは限らず、不定期なことが多いです。中には、年に２回以上毛の生え変わりが行われることもあります。

したがって飼い主は、モルモットに換毛期が来た際は、部屋の中に舞う毛の量も多めであることを覚悟して、その間はいつも以上にエアコンや床などの清掃を心がけましょう。もちろん、換気も必要ですが、その際はくれぐれも部屋の温度・湿度が急に変化しないように気をつけて行いましょう。

ポイント22

飼育のポイント

ブラッシングを上手にできるようになれば、さらに信頼関係が深まる

病気にならないように、飼育しているモルモットに合わせたケアが必要です。

なぜブラッシングが必要か

毛のあるモルモットには短毛種と長毛種がいます。短毛種と長毛種もブラッシングをすることで、ダニやシラミなどの寄生虫がいないか、皮膚病にかかっていないかなどの健康面での点検ができます。また、特に長毛種の場合、被毛にゴミや排せつ物が付きやすく不衛生な状態になります。さらに、長毛種は毛が絡まりやすく、できた毛玉を

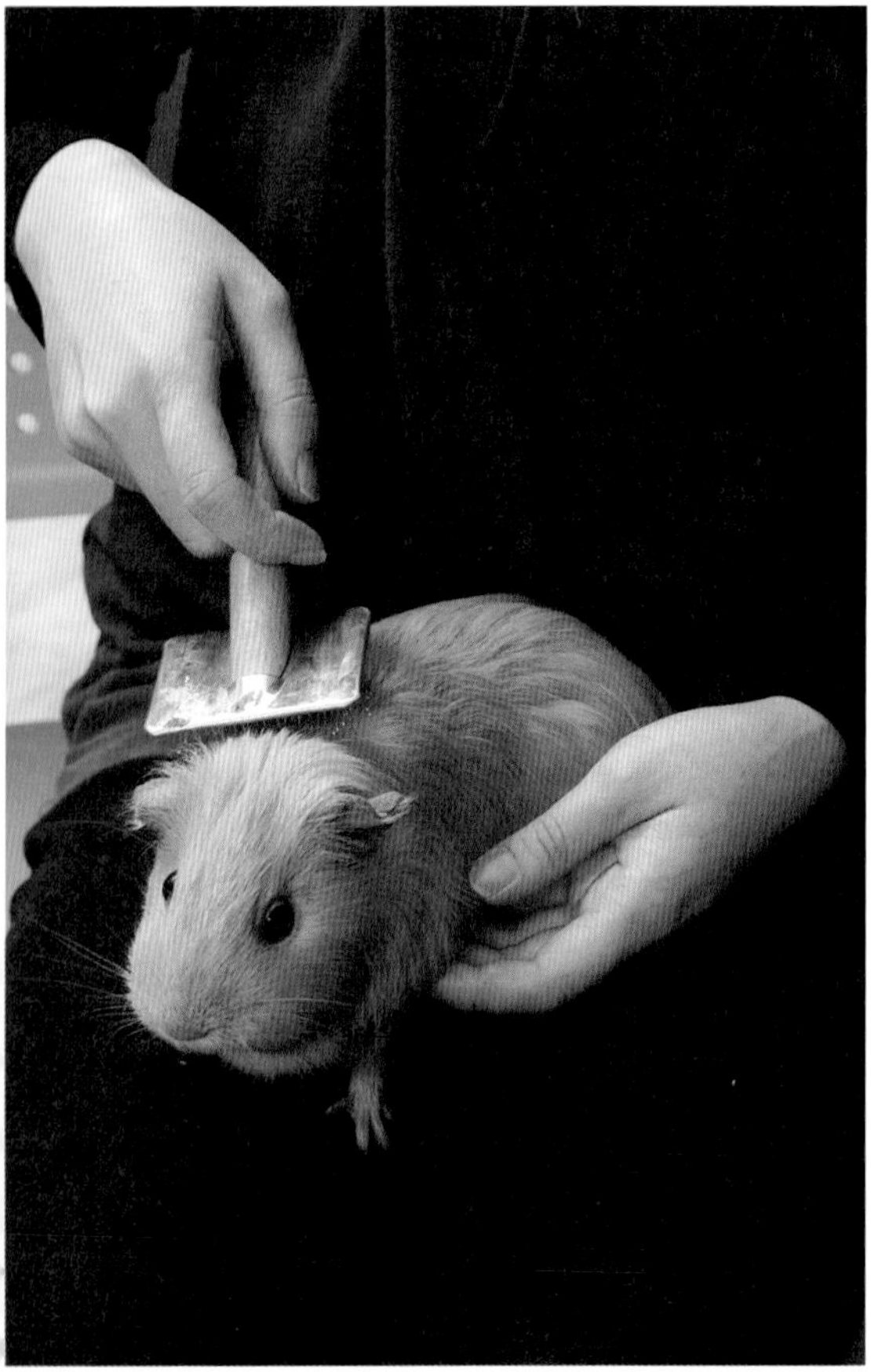

ブラッシング／毛並みに沿って優しく

放置していると皮膚病や、モルモットが毛づくろいをする際に毛玉を飲み込んでしまい毛球症（ポイント44参照）の原因にもなります。そうした事態を未然に防ぐためには、飼い主のケアが必要です。

なお、短毛種の場合は2～3日に1回位を目安に、長毛種の場合は1日に1回はブラッシングをする必要があります。

ブラッシングの方法

モルモットを、ひざ掛けなどを敷いたひざの上に乗せ、毛の中や皮膚の状態を確認しながら頭からおしりの方へとブラシで優しくなでるようにブラッシングしてあげるといいでしょう。こうして全身の被毛をブラッシできたら完了です。

毛が伸びてきたらカットも必要

長毛種は、毛が長くなるとお腹の部分やお尻の部分に牧草がついていたり、尿やフンなどで汚れたりしやすいです。なお、モルモットは同じ長毛種でも種類によって毛質や毛の伸びる場所（頭部、脇、お腹、おしりの回りなど）に大きく違いが出てきます。

クシでもほぐせないもつれなども含めて、長いと感じたらカットしてあげましょう。なお、カットする場合は、モルモットが嫌がって急に暴れることもありますので、くれぐれも注意してください。無理をせずに、次の機会を待つことをおすすめします。

対策

モルモットとお風呂

モルモットに入浴は基本的には必要ありませんが、特に臭いや汚れが気になる場合にはお湯で洗い流してあげましょう。

この場合に注意することとして、シャンプーはモルモットの皮膚に刺激が強すぎますので使用は控えましょう。

お湯に入れる際は、地面にしっかりと足をつけさせ、お湯の量は、足元くらいまでにしておきましょう。顔は濡らさないようにします。顔以外の体全体は洗ってOKですが、耳に水が入らないように細心の注意が必要です。そして終わったらすぐに乾かしましょう。

この乾燥の際にも注意することがあります。通常、タオルで水気を取ってからドライヤーを使用しますが、送風の温度を自分の手に当てて確認しながら行いましょう。また、どうしても音や風を嫌がる場合は、ドライヤーとの距離を少し離して、乾かしたい部分に少しずつ当てながら時間をかけて行いましょう。

飼育のポイント

1～2ヵ月に1度は爪切りをしよう

爪が伸びたら適切に飼い主が処置してあげましょう。

モルモットは爪切りが必要

元来の野生のモルモットは、自然の中で暮らしているうちに爪がすり減っていくので、爪切りをする必要がありません。

しかし、飼育下のモルモットは野生の環境とは大きく異なり、爪が削れる機会がなく爪が伸び放題の状態になります。個体によって違いがありますが、伸びるのが早い個体の場合は、1～2ヵ月に1回は爪を切りましょう。

伸びすぎた爪を放っておくと、モルモットの歩行に悪影響が出るばかりか、何かに引っかかってケガをしたり、抱き上げたときに飼い主の手や腕などを引っかいたりして傷をつけてしまいかねません。

爪切りのタイミングと方法

爪の先端が曲がってきたり、尖っていたら切った方が良いタイミン

爪切り／必ず2人で行う

グです。

まずひざの上に抱っこをして、指先をしっかり持って、爪の血管位置を確認します。血管よりも1～2ミリ先を爪切りでカットします。

爪の伸びが指によって違うので、確実に伸びている爪だけをカットします。

爪を切っても、引っかき傷が飼い主の腕に残ってしまったりする場合は、別の爪が伸びているのか、爪切りが足りないのかもしれません。その場合は、まず別の爪を切ってみて、まだ引っかき傷などが飼い主の腕に残っていないかを確認しましょう。

なお、必ず爪を切る人と保定する人の2人がかりで行いましょう。

爪の削り方

どうしても爪切りが怖いと思ったら、切るのではなくて削る方法もあります。

行う方法としては、人差し指をモルモットの腕の脇に入れ、モルモットの足を手のひらで包むか人間の体に足をつけて体を安定させ、片手で優しく抱きます。

そして、もう一方の手で爪やすりを持ち、少しずつ爪を削ります。

爪を削ると小さくカリカリという音が鳴ります。網目の細かいキャリーやケージに入れて、好きなおやつで誘導している間に、網目から出た爪を削るという方法もおすすめです。

爪が伸びたら適切に飼い主が処置してあげましょう。

対策

深爪して血が出てしまったら

爪切りの際に誤ってモルモットの爪から血が出てしまった場合は、慌てず清潔なガーゼなどで傷口を抑えてあげましょう。

その傷口から血がわずかににじみ出る程度でしたら、数十秒から数分程度止血していれば血は止まります。しかし、もしも出血がひどかった場合には市販のペット用止血剤をつけてあげましょう。粉末タイプの物が市販されていますので、出血したときのために置いておくと良いでしょう。

また、モルモットの体に血がついてしまっていたときは、必ずふき取ってあげましょう。

なぜならば、血液は病気の感染源になる恐れがあるからです。

なお、万が一、出血がひどい場合には、エキゾチックアニマルを診療している動物病院で治療してもらうことをおすすめします。

ポイント 24

飼育のポイント

健康チェックは毎日怠らずに行おう

飼い主にとって健康チェックは大切な日課です。毎日怠ることなく行いましょう。

食欲に異常がないかを確認

食事を与えるときに、食欲はあるか、食べたくてもうまく食べられないなどの症状がないかなどをしっかり確認するようにしましょう。

食事を与えて、すぐに食べ始めるのであれば、食欲があり健康な証拠です。

また、毎日同じ時間に同じ量の水を給水して、増減の変化を確認しましょう。

モルモットの様子を観察

モルモットの目がパッチリと開き、澄んでいるか、目やにが出て涙目になっていないか、鼻水が出ていないか、呼吸は荒くないか、耳から異臭がしないかなどを確認しましょう。

また、毛並みや毛艶はいいか、脱毛して皮膚が見えていないか、足を引きずっていないかなど外観もしっかり観察して日々の健康チェックに役立てましょう。

排せつ物をチェック

いつもより排泄物の量が少なくないか、小さくないか、軟便や下痢ではないか、尿に血が混ざっていないか、異常な匂いがしないか、排便時・排尿時に痛がっていないかなど、日々しっかり確認しましょう。

体重測定を行う

毎日決まった時間に体重測定を行うことで、日々の健康管理や病気の早期発見にも役立ちます。

体重が平均値よりも重い場合は肥満の可能性がありますし、食事の量が変わらないのに体重が減った場合は、不正咬合や他の病気にかかっている可能性があります。

病気の疑いがある場合は、日々の記録表を持って動物病院へ行きましょう。

飼い主にとって健康チェックは大切な日課です。毎日怠ることなく行いましょう。

記録表の例

日付　令和●年■月▲日

Name：

本日の体重：　　　　g

本日遊ばせた時間：午後●時～午後●時

	主なチェック項目	種　類	量（g）
食べ物	主に与えたもの		g
			g
	おやつ		g
健康状態	様　子	元気・元気がない	
	糞の状態	正常・異常	
	気になること		

Check!

モルモットの日々の健康を記録しよう

毎日モルモットの健康を記録しておけば、いつ頃から体調が悪くなったのか、食事量に変化はなかったかなどを確認できて、診察や治療に役立ちます。

また、動物病院に行ったときに獣医師に見せれば、病気の兆候や原因に気がつきやすくなるという利点もあります。

食事の種類や量、体重、排せつ物の状態、元気があるかどうか、見た目の状態、気になることなどを簡略した形でもいいので、上記のように日々の記録として残しておくことをおすすめします。

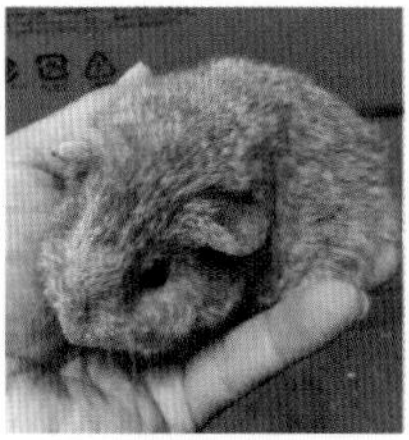

ポイント 25

飼育のポイント

赤ちゃんは生まれたときから大人の姿をしている

赤ちゃんの時期（生後すぐ～2、3週間くらいまで）を知っておきましょう。

赤ちゃんは生まれたときから大人の姿をしている

赤ちゃんが生まれたときは、通常、体長約8センチ前後、体重は約50～100g程度です。

モルモットは早生成と言われ、生まれたときから毛も歯も生えそろっており、目も見えています。ほぼ成長した大人のモルモットと変わらない、それを小さくしたような姿で生まれてくるのです。

生後1時間も経つと自分で歩ける

生まれておよそ1時間くらいで歩けるようになります。早い子だと生後2日目くらいからペレットや野菜なども食べられるようになります。とは言え、まだ幼いために固い食べ物は口にできません。

この時期の一番の栄養源は母親からの母乳です。母乳には免疫力をアップさせるなど、赤ちゃんのモルモットに必要な栄養源がたく

生後 10 日前後の赤ちゃんモルモット

さん含まれています。そのため、生後3週間くらいまでは、母乳を与えましょう。母乳をしっかりと飲ませることで、健康的に育っていきます。

離乳直前の食べ物

生後10日もすると、母乳とエサが主な食事となります。ですので、赤ちゃんモルモットには、母乳と同時に柔らかいふやかしたペレットや野菜、フルーツなどを食べさせるといいでしょう。野菜は小さくカットしたりするなどの手間が必要となります。そうして最初は柔らかいエサで慣れさせ、固いエサは離乳するようになったら徐々に食べさせていきましょう。

生後3週間に近づいてくると、大体体重も約180gくらいになってきます。この時期になってもまだ、硬いペレットや牧草を食べれない子もいます。そのような子には、柔らかいソフトタイプのペレットや、2番刈りや3番刈りの牧草（チモシー）を与えてみるのもいいです。ただし、無理に食べさせる必要はありません。

対策

妊娠中や授乳期のモルモットのケア

妊娠中や授乳期の母モルモットには多くの栄養を必要とします。栄養のあるエサを用意しましょう。中でもカルシウムやビタミンは失われやすいため、それを補う栄養価の高いペレットやサプリメントを与えたり、牧草では栄養価の高いアルファルファや野菜類を多めに与えたりすると良いでしょう。特に授乳中は母モルモットの体内から多くの水分が失われてしまうため、水も常に補充してあげて、決して水が無くなるような状態にならないようにしましょう。

なお、妊娠中や出産後の母モルモットは、子どもを守るために周囲に対して非常に警戒心を強めています。ですので、ケアと言っても、飼い主にできるのは、母モルモットがその間にもできるだけ体への負担やストレスを軽くさせ、快適に過ごせるように食事や環境を整えるということだけです。できるだけそっと見守ってあげましょう。

出産後の赤ちゃんは絶対に触ってはいけません。なぜならば、モルモットはとても匂いに敏感な動物のため、触ると人間の匂いが付いてしまい、自分の子どもだと認識できなくなり、育児放棄や赤ちゃんを噛んでしまうという恐れがあるからです。母も子もそっとしておいてあげましょう。

飼育のポイント

子どもから大人になるまで

子どもから大人（成年）になる時期（生後3週間くらい〜2ヵ月くらいまで）を知っておきましょう。

生後3週間で離乳期を迎える

3週間以降にはたいていは離乳期を迎えます。3週間以降は、消化機能がほぼ完成する時期に当たるため、完全離乳には最適な時期です。逆にその前の早すぎる完全離乳は避けましょう。

なお、成長期でもあるこの時期には、積極的にエサを食べるようになるため、ペレットだけではなく野菜や牧草などさまざまな種類のエサを与えておくと良いでしょう。この時期に特定の食べ物しか与えていないと、好き嫌いができてしまい、大人になって偏食になってしまい、他の食べ物を食べなくなりかねません。

しかし、逆にあまり食べない子も中にはいます。そのような子には無理に食べさせる必要はありませんが、いろいろな種類のエサをこの時期に試しておくようにしましょう。

生後2ヵ月の子どものモルモット

生後1ヵ月をすぎる頃には親子・兄妹でもオスメスを別のケージで育てよう

モルモットは繁殖力が高いため、たとえ親子や兄妹でもオスとメスが同じケージ内で暮らしていると、すぐに繁殖してしまいます。無計画な繁殖は、メスのモルモットの体に大きな負担を与えてしまいます。生後1ヵ月前後で、1匹ずつのケージに飼育できるようになるため、その頃にケージを分けてあげましょう。

2ヵ月を迎えると立派な大人になる

モルモットの子ども時代は、オスは生後2ヵ月くらいまで、メスは生後1ヵ月半くらいまでです。この時期をすぎると立派な大人です。オスはこの時期には性成熟を迎えます。メスも子供をつくれる体になっています。したがって、繁殖をさせたくなければ、決してオスとメスを同じケージには入れないようにしましょう。

Check!

もし里子に出すのであれば

モルモットは1回の出産に1～4匹前後の赤ちゃんを産みます。ですので、赤ちゃんが生まれた分だけ飼育のスペースはもとより、時間や手間、費用もかかります。

そこで、どうしても生まれた子を里子に出したいと思う飼い主もいらっしゃいます。

しかし、そのようにして母と子を引き離すことにはいくつかの主なリスクがあることも飼い主は理解する必要があります。

その1つ目は、母乳が与えられなくなるということです。前述しましたが、母乳は子どものモルモットにとっては大切な栄養源で、飲むことで免疫力が高まり、その後健康的に成長するうえで欠かせないものです。したがって、里子に出す時期は、離乳期をすぎてからにしましょう。

また、2つ目は、出す前には事前にきちんと飼育できる里親さんを探しておきましょう。知り合いだからといって、あまり飼育の大変さ（飼育スペースや手間や費用面）もわかっていない人にあげて、後でお互いが後悔しないように気をつけましょう。

ポイント 27

飼育のポイント

4歳からの老年期には細心の注意を払って長生きしてもらおう

成年期（2ヵ月目くらい～3歳くらいまで）と老年期（4歳以降）を知っておきましょう。

定期検診が大切

この時期、特に起こりやすい病気として、皮膚系の病気があります。フケ、脱毛、痒みが発生し、ひどくなると化膿して炎症を起こすこともあります。またそのほかの病気にかかるリスクもあります。

この時期に入ったら、専門家である獣医師の目でしっかりと健康が管理された状態かどうかを診てもらうために、成年期には年に1回、老年期には半年に1回を目安に定期的な検診をおすすめします。

肥満への対処

いくつもの病気を起こしやすくする健康上のリスクを高める要因として肥満があります。

豆科の牧草・アルファルファやりんごなどの果物、穀物、ニンジンなどの野菜は好んでよく食べますが、与え過ぎると、肥満の原因となります。肥満が気になりだしたら食事をコントロールし、より多く運動をさせるようにしましょう。ケージの外に出して部屋んぽをさせたり、家の庭などで散歩させる方法があります。ただし、その際にはケガや他の動物から襲われる危険があるため、家の中でサークルを使って決まった範囲で散歩や遊ばせるのがおすすめです。

老年期に注意すること

4歳くらいからは老年期に入ります。老化が始まっています。老化が進むと若いときのように冬の寒さや夏の暑さに体がうまく対応できなくなってしまいます。免疫力が下がると病気にもかかりやすくなってしまうので、今まで以上に温湿度管理に注意をしましょう。

また、運動能力が落ち動きが鈍くなったり、視力が弱ったり耳が遠くなったりするモルモットもいます。

さらに、噛む力が弱り、牧草の固い茎の部分を多く残すようになってきます。食事には柔らかい葉物を多く与えるようにしたり、食べられる牧草はたくさん与えましょう。できれば、高繊維で低タンパクなチモシーが中心の食事がベターです。ビタミンCは多めに与えると良いです。（詳しくはポイント48参照）

生後4歳前後の老年期のモルモット

対策

成年期・老年期のモルモットと病気

モルモットにとって成年期は、生涯の中で最も活発な時期と言えますが、一方で、さまざまな病気にかかるリスクもあります。同様に老年期にもさらに起こりやすい病気があります。

例えば、毛ダニやシラミによる皮膚炎、主に耳の中を傷つけてしまうことによって起きる中耳炎、偏った食事や前歯への何らかの衝撃によって起こす不正咬合などの歯の病気、その歯の病気から起こしやすい胃腸のうっ滞、カルシウムが多すぎるフードをあげることで起きる尿石症、ビタミンCの欠乏から起きるビタミンC欠乏症、夏に起こりやすい熱中症、メスで出産適齢期を過ぎての初産に起こりがちな生殖器疾患などがあります。（詳しくはポイント 44 参照）

飼い主は愛するモルモットのために、日々の変化に気づけるように健康管理を怠ることがないようにしましょう。

Column 2

ヘアレスモルモット（スキニーギニアピッグ）の魅力にひかれて（その2）

店舗情報：
株式会社 Chestnuts Bear（チェスナッツ・ベア）
代表取締役　宮西万理（家庭動物管理士）
https://skinnyguineapigs.com/
電子書籍：『サンタバーバラスキニーピッグ：すてきな全裸生活　Volume1』Kindle 版
https://onl.tw/eLXJ63P

宮西さんの販売する際の姿勢

お客に販売する際、飼育方法に関して説明し、納得いただいてから販売するのが前提です。

しかし、「飼い主さんが冷暖房設備が用意できないなど、モルモットに十分な設備が準備できない方には販売していません」、また、「この方は生き物に対する意識が低い」と判断した方にもお譲りしません」と、あくまでモルモットが幸せに暮らせるかどうかを基準に販売をするかしないかを決めています。

また、日本では質の低い（毛が多い）子を販売しているペットショップが多く見受けられるということで、本来の理想的なスキニーギニアピッグをアメリカから直輸入することで、本当に質の良いスキニーギニアピッグを日本に広めたいということと、日本ではまだあまり知られていませんが、同じ毛の無いモルモットの「ボールドウィン」をたくさんの人に知ってもらいたいという思いで活動をしています。

ちなみに、スキニーギニアピッグの特徴をご紹介すると、鼻先、四肢にだけ少量の毛が生えているモルモットです。生まれたときから毛が無い状態で生まれます。毛が多くて、顔全体や背中までまばらに毛が生えているような個体はアメリカでは「ウェアウルフ」と呼ばれ、理想的なスキニーギニアピッグではありません。

また、ボールドウィンに関しては、日本で初めて飼育を始めたブリーダーです。

ボールドウィンは、生まれたときは普通のモルモットと同じ、有毛で生まれます。

生後数日経つ頃から毛が抜け始め、生後1ヵ月～3ヵ月以内に、ヒゲだけ残して全ての毛が抜けます。大人になったとき、ムチムチした体形のスキニーギニアピッグに比べて、皮膚がたるみ気味です。新陳代謝がスキニーギニアピッグより良いようで、爪が伸びるのがかなり速く、たくさん食べても太りにくいという特徴があるので、エサをたくさんあげるのがおススメですとのこと。

今後の夢や目標

仕事の今後の夢や目標は、
・モルモットの飼育方法をモルモット好きの人に知ってもらうこと。
・日本のスキニーギニアピッグの質を上げること。
・モルモットを飼う人が増えて、モルモットを観てくれる獣医さんが増えること。

ヘアレスモルモットの日本で代表的なブリーダーである宮西万理さん

スキニーギニアピッグ

生後5日の
ボールドウィン

生後1ヵ月の
ボールドウィン

第3章

飼い方を見直そう

～住む環境と飼い方を見直すポイント～

ポイント 28

住む環境と飼い方の見直し

仲良くなるために恐怖心を植えつけないように気をつけよう

モルモットの感情を読んで、決して無理のないコミュニケーションを心がけましょう。

無理に慣らそうとしない

飼育し始めてから1週間くらいで新しい環境や飼い主に慣れたというモルモットもいれば、それ以上時間が経つのに新しい環境に慣れずに、ハウスにこもったままで姿を見せないという子もいるでしょう。このようなときに、飼い主がモルモットに対して、いきなりなでたり、無理に抱こうとしたりすると恐怖心を植えつけてしまうので注意しましょう。

無理に慣らそうとすることは難しいので、エサと水の用意と、掃除もケージ全体の掃除はせずに、排せつ物の掃除だけをして静かに見守りましょう。

懐くまで根気強く待とう

今後モルモットと長く仲良くしていきたいのなら、モルモットのそばで大きな物音を出したりしないようにしましょう。音に敏感なモルモットが怖がって警戒心を強めてしまい、懐きにくくなってしまいます。モルモットが安心して過ごせるように、愛情

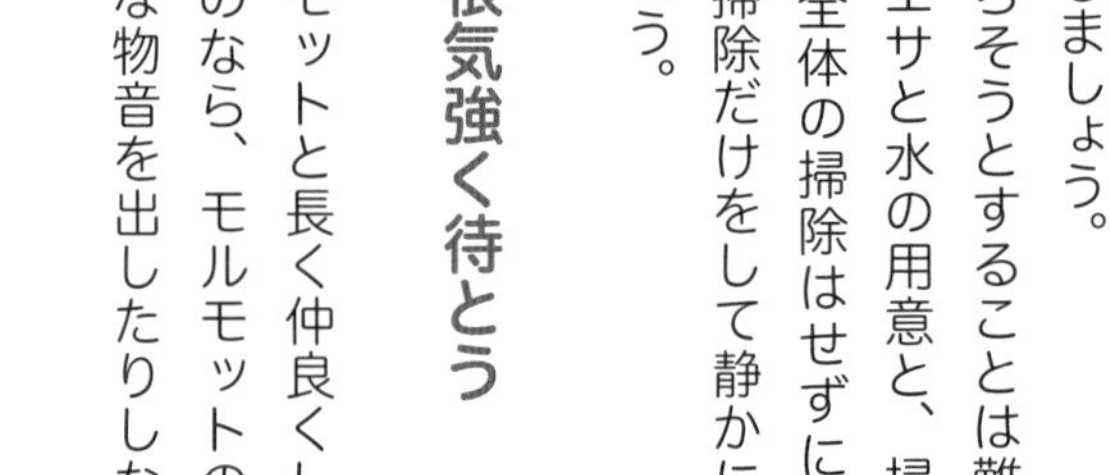

ハウスに隠れるモルモット

を持って世話をしていれば、やがて懐いて来て良好な信頼関係を築くことができるようになるでしょう。

個性を理解して モルモットと仲良くなろう

数日して少し慣れて来たら、ケージ越しに顔を見せるようにして飼い主のことを覚えてもらいましょう。また、エサを置くときに優しく名前を呼んであげましょう。

やがて飼い主に懐くと、ハウスにいても名前を呼べば出て近づいてくるようになります。その他、鳴き声やボディランゲージが何を伝えているのか意味を理解して、モルモットとさらに仲良くなりましょう。（ポイント37・38参照）

抱き上げて 健康チェックをしよう

環境や飼い主に慣れたら、優しく抱き上げてあげましょう。

そうすることで、モルモットとの交流を育み、同時に脱毛している箇所がないかなど健康状態を確認することができます。

Check!

慣れてきたモルモットを ケージの外で散歩させる際の注意点

モルモットが人や環境に慣れてきたら、ケージの外に出して部屋で散歩（部屋んぽ）をさせましょう。

ケージの外に出すときに無理に捕まえようとしたり、出して追いかけたりすると怖いという記憶を植えつけてしまうので気をつけてください。

モルモットが部屋んぽするときには注意することがあります。

人の食べ物がどこかに置かれていないか、置いてある食べ物は全て片付けておいてください。人にとっては害のない食べ物もモルモットにとっては危険な場合もあります。また、モルモットはどんな物でもかじってしまう習性があります。床の上に電気コードや害虫駆除剤、タバコの吸い殻などがないか、かじったり誤飲する危険な物はないかを確認しましょう。さらに床がフローリングされていて滑りやすいとケガの原因にもなります。滑りやすくないかといった点も確認しておきましょう。

なお、最初のうちは、飼い主が仕切りなどをつくるか、市販のサークルを使って仕切りの範囲内だけを散歩できるようにしてもいいでしょう。

ただし、仕切りの隙間が大きいと抜け出してしまう場合があるので、脱走しないように注意しましょう。（ポイント39参照）

ポイント

29

住む環境と飼い方の見直し

仲良くなれる上手な抱き上げ方を習得しよう

飼い主とモルモットとの良い関係を保つために、ストレスを与えない抱き方をしましょう。

上手な抱き上げ方を覚えよう

モルモットを飼育するうえで、ケージの外で散歩させるときや病院に連れて行くときなど、抱き上げる行為はお互いにとって大事なことです。

モルモットが飼い主に慣れて来て、飼い主がモルモットの体に触っても怖がらなくなってきたら上手な抱き上げ方を覚えて、その後の飼育に役立てましょう。

目線を合わせて向かい合う

懐いているモルモットでも、突然体に触られたり抱き上げられたりすると驚いてしまいます。なかには単純に触られることが苦手な子もいます。

まずは、目線を合わせて向かい合い、名前を優しく呼んであげるなどの声をかけて、こちらの存在

抱いているところ

を知らせてから抱き上げましょう。このときに、両手で優しくすくうようにするのがコツです。

また、このときにモルモットが好きな食べ物を少し与えるようにすると、飼い主がケージに片手を入れただけで手の上に乗ってくるようになります。

安定した状態で抱き上げよう

モルモットを抱き上げたら片手を体の下に入れて胸から前足の付け根を支え、もう一方の手でお尻を支えて人の体につけるようにして持ちましょう。

不安定な抱き上げ方をするとモルモットが暴れて落下してしまい、歯を折ったり、骨折したりしてしまうこともあるので、しっかり安定した状態で抱き上げましょう。また、あまり高い位置で抱っこしないようにしましょう。

お子さんが抱き上げるときの注意点

小さなお子さんが抱っこするときは、手のサイズも小さいため、タオルにモルモットを乗せてから抱っこをさせることがおすすめです。タオルを使った方法で抱っこをすることで、モルモットが安心して落ち着いてくれたり落下を防止したりすることができます。

なお、小さなお子さんが抱っこする際にモルモットに噛まれることがあります。そのため、必ず大人が立ち会うようにしましょう。

対策

モルモットがケージから出るのを怖がる場合は

ケージから出ることを怖がる場合は、まずはケージから出す練習から始めましょう。

もともとモルモットは自然界では捕食される側の動物なので、警戒心が強く怖がりであることを理解してあげましょう。

このときにケージの入り口を開けたままにして自由に出れる状態にしてしまうと、警戒してハウスにこもって触れなくなってしまう場合もあるので注意しましょう。

飼い主がケージの前に座った状態で抱き上げるときは、ケージの前でモルモットが自発的に出てくるのを待ちます。また、ケージの前で立った状態で抱き上げるときは、ケージの入り口に両手を出して、モルモットが自発的に乗ってくるのを待ちましょう。

おやつを使ったり、おもちゃで気を引くなどしておびき寄せるのもおすすめです。

ポイント 30

住む環境と飼い方の見直し

週に1回は大掃除をしよう

モルモットを病気から守るためにも、定期的にケージの大掃除を行い、生活環境を清潔に保ちましょう。

毎日行う掃除

モルモットは体の大きさの割にはよく食べ多く排せつします。また、きれい好きでもあるため、ケージの中が汚れているとストレスをためてしまい体調をくずしかねません。

したがって、毎日1回〜2回はケージ内を掃除しましょう。毎日の掃除は、時間を決めてモルモットが起きているときに行いましょう。

掃除の方法

エサ箱や水入れ、床材など汚れた場所を重点的に清掃しましょう。エサ箱は毎回洗剤が残らないようにしっかり洗いましょう。水入れに給水ボトルを使っている場合は、中までよくゆすぎましょう。床材としてチップや牧草を敷いている場合は、毎日汚れた場所を捨てて、新たな床材と交換します。この交換を忘れると牧草は腐ってしまうこともあって、不衛生なだけでなく病気の原因となることもありますので、十分に注意をしてください。またチップや牧草の床材は週に一度はすべて新しいものに交換しましょう。

ハウスやステップは、中にあるフンを小さいほうきで掃いて下に落とし、最後にケージの一番下にあるトレーをきれいに掃除します。排せつ物やゴミを取り除いても付着した汚れが気になる場所は、しぼった布やノンアルコールのペット用のウェットティッシュなどで軽くふきましょう。排せつすることが多いケージの角の掃除も毎日行い、病気予防のためにも衛生的な環境を維持しましょう。

週に1回の大掃除

週に1回はケージをまるごと洗浄し、乾いたタオルで水気を拭き取りましょう。

また、この機会に、床材としてスノコを使用しているのであれば、その洗浄もしましょう。水洗いで済みますが、汚れは取れてもどうしても気になるニオイが残る場合には、酢を水で薄めて使用するといいでしょう。使用後は十分に水ですすいでください。

毎日掃除をしていれば、ケージもスノコもそれほど汚れていないかもしれません。汚れ具合を見て回数は増減してください。

大掃除の流れ

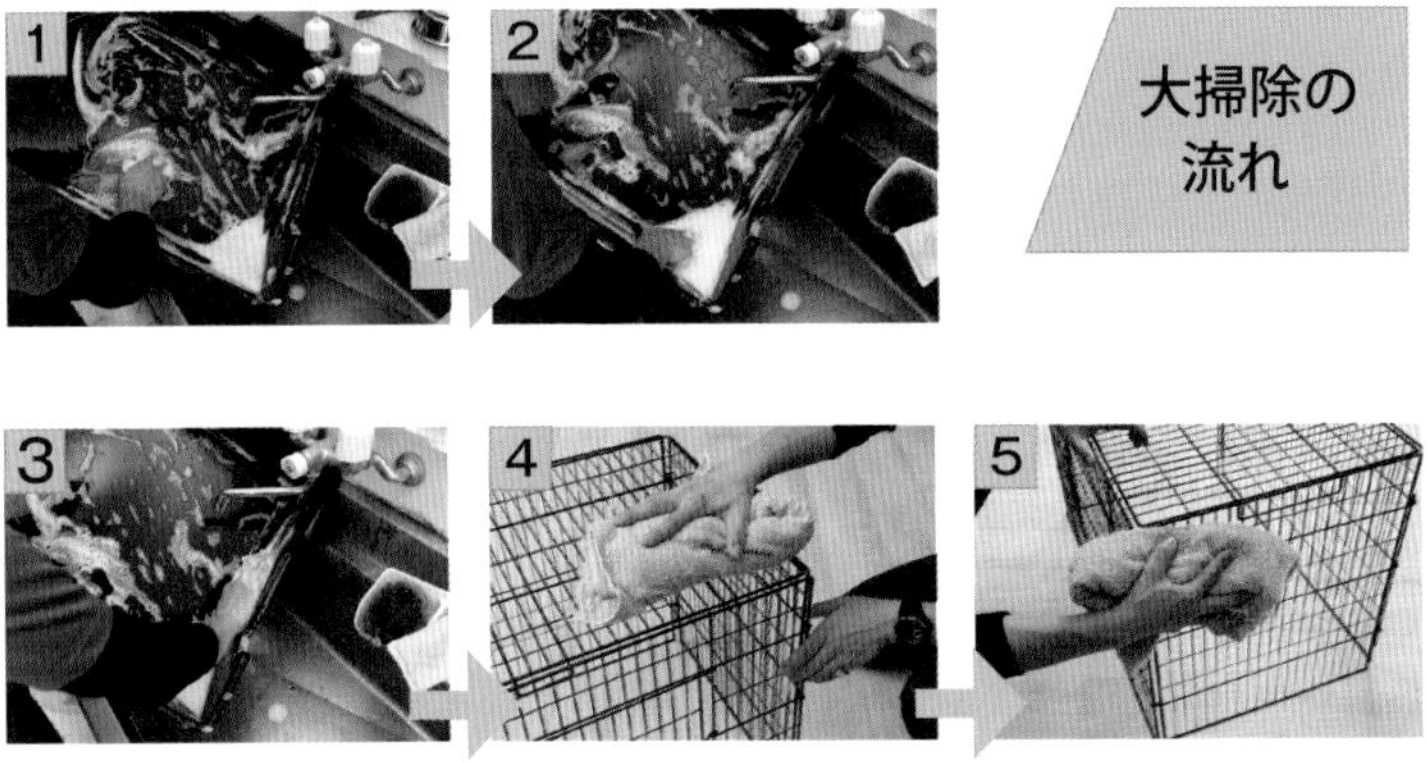

Check!

掃除の際の注意点やチェックすること

ケージの大掃除なども毎日すれば気になる臭いも消えるのではと思いがちですが、動物は自分の臭いを完全に消されてしまうことを嫌がります。自分の臭いがある場所だからこそ、ストレスを感じることなく快適に過ごせるのです。逆に完全に無くしてしまうと、そのことがストレスになって体調をくずしかねませんので、やりすぎにも注意をしてください。

また、掃除の目的は、衛生的な環境を維持することはもとより、モルモットの体調を知る重要な機会となります。フンの状態や水の減り具合、エサの食べ残しの有無などを毎日チェックすることができます。いつもと違う様子に気づいたら動物病院に連れて行きましょう。またその際は、食べ残しやフンは捨てずに病院へ持って行ってください。

ポイント
31

住む環境と飼い方の見直し

人の出入りの多い場所やＴＶの近くにはケージを置かないようにしよう

日本でモルモットが快適に過ごせる環境を整えるためにも、ケージの置き場所を工夫しましょう。

窓際には置かないようにしよう

ケージはモルモットが安心して暮らせる場所に置きましょう。

窓際は直射日光があたりケージ内が熱くなってしまいます。

また、外からの風が入りやすく、気候によってケージ内の温度差が激しくなるので、なるべくこの場所にケージを置かないようにしてください。

人の出入りが多い場所やＴＶの近くは避けよう

人の出入りが多い玄関や部屋の入り口付近、キッチン、騒がしい音がするＴＶや音の出る電化製品の近くにも置かないようにしてください。

エアコンの送風が直接当たる場所を避けよう

エアコンの送風が直接当たる場所も体温調整が難しくなるので避けましょう。

部屋の隅に置くのも避けよう

部屋のレイアウト上、隅っこにケージを置く方が落ち着くかもしれません。

しかし、部屋の隅は日当たりや風通しが悪く、湿気もこもりやすいです。

また、部屋の隅は空気の循環も悪く埃もたまりやすいです。

風通しの悪い部屋にケージを置くのであれば、サーキュレーターを使って空気を循環させることをおすすめします。

他の動物がいる場所の近くも避けよう

犬、猫、フェレットなど他の動物がいる場所の周辺にケージを置くことも避けましょう。

床から少し高い場所に置く

床は思っている以上に気温の寒暖差があり、歩いたときに埃が舞い上がって振動も響きます。キャスター付きのケージを選ぶか、台を置いて床から20～30㎝の場所にケージを置くことが望ましいです。

ケージを置くのにNGな場所

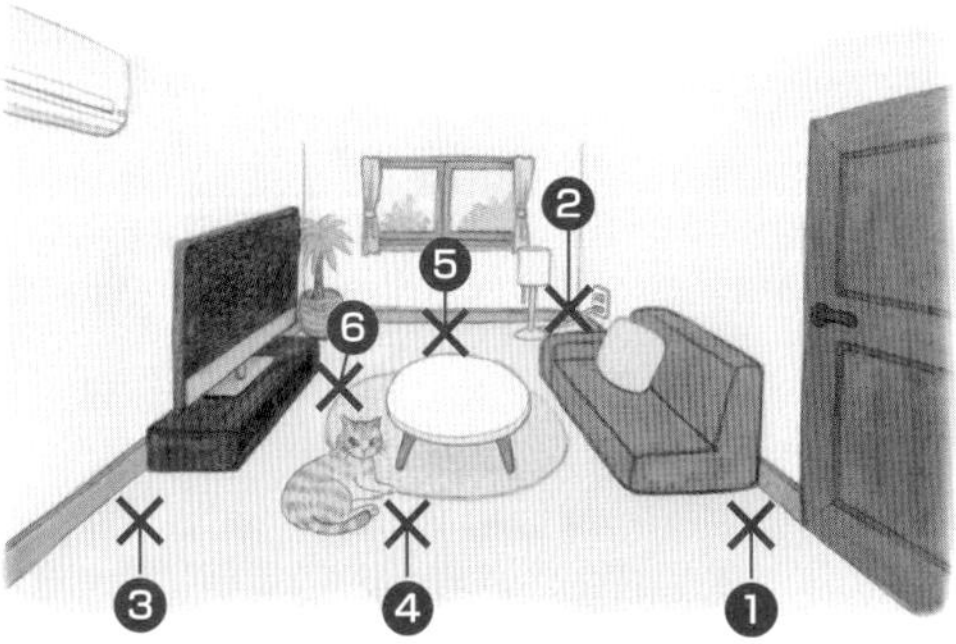

①部屋の出入り口などの人の出入りが頻繁なところ

②コンセントがケージに接触したり、ケージがコードを踏んでしまうところ

③エアコンの送風が直接当たるところ

④ほかの動物と一緒の部屋

⑤日光が直接当たるところ

⑥テレビや音楽プレーヤーなど音がうるさいところ

Check!

その他、ケージの設置に不適切な場所

モルモットのケージを置く場所として、騒がしくない場所だからと言って、「寝室」や「物置」、「倉庫」といったふだんあまり目が届かない場所もふさわしくありません。

モルモットは飼い主に慣れてくると、逆に飼い主の存在が近くに感じられない場所に置かれると、構ってもらえず寂しく思うあまりに、放っておかれることにもストレスを感じやすくなります。特に単頭飼育の場合はなおさらです。とは言え、静かな場所でよく構ってあげられるからと子供部屋に置くのも、場所として適切ではない場合があります。なぜなら、あまり構いすぎで、モルモットがゆっくりすることがあまりできなくなることが懸念されるからです。いずれにせよ、安心・安全で、かつ適度に構ってもらえるような飼い主に近い場所がモルモットにとっては快適な場所となります（適した温湿度の管理が前提）。

ポイント 32

お留守番

飼い主が一時的に世話ができなくなった時の対処法を心得ておこう

一人住まいの飼い主が、何かの事情で一時的にモルモットの世話ができなくなったときの対処法を心得ておきましょう。

家での留守番は基本1泊までで、長くても2泊が限界

モルモットを家で留守番させるには、健康なモルモットが前提となりますが、基本1泊までで、長くても2泊が限界です。もちろん、飼い主が留守にしている間も温湿度管理がなされていることが条件となります。停電やエアコンの故障などのトラブルがあった場合はこの限りではありません。

飼い主が留守にする間、モルモットにとって問題なのは、水やエサ、そしてケージ内に落とされた排せつ物などの掃除ができないという衛生面での問題、さらに、飼い主へ要求（例えばケージの外で遊びたいのでケージから出してほしいなど）を伝える手段として日常的にケージをかじるくせのある子は、飼い主が外出している間中かじり続けることによる不正咬合の危険性などがあります。

留守番の準備

留守番時には、予定日数分より多めの主食（チモシーなどの牧草やペレット）を用意し、給水ボトルは複数取り付けておきましょう。また、不足しがちなビタミンCを摂取させるためには、与える水の中にあらかじめ溶かしておくとよいでしょう。ただし、ビタミンを含んだ酸っぱい水だと飲まなくなる個体もいるため、事前に飲んで

くれるかどうかを確認することが大切です。

ペットシッターに来てもらう

留守番の間、自宅でモルモットのお世話をしてくれるペットシッターにお願いするという方法もあります。

事前に世話の仕方やモルモットの性格などをしっかり伝えて、打ち合わせをしてください。

ケージの中にたくさんのチモシーを入れておく

家族や友人にお願いする

留守番時に家族や友人に家に来てもらって、世話をお願いする方法や、その人の自宅で預かってもらうという手段もあります。

その場合は温湿度管理の仕方や食事の量をはじめ注意するべきことなどをメモに書き、渡しておくといいでしょう。

なお、家族や友人の家で預かってもらう場合には、他の動物がいないかといった点は事前に確認し、もしいる場合は、一つの部屋に一緒にすることは避け、なるべく離れた場所にケージを置いてもらいましょう。

Check! ペットホテルに預ける場合の注意点

旅行や出張の予定ができて自宅を留守にする際に、モルモットをどうするのかを早めに考えて準備をしましょう。

特にペットホテルに預ける場合は、年齢の制限があることもあるので、事前にしっかりチェックしておきましょう。預かってもらえることが確認できたら、予約したい日が空いているかを確認して予約し、実際に預けるときに予定日数分より多めの食事を持参しましょう。預ける際に注意点がある場合は、必ず担当の人に伝えておいてください。

ただし、モルモットは警戒心が強く臆病な性格のため、違った環境に慣れることが難しいことと、他の動物の鳴き声にも大きなストレスを感じてしまうため、なるべく小動物専用ルームがあるペットホテルを探しましょう。

なお、もしもモルモットの体調に不安がある場合は動物病院に預けるようにしましょう。

ポイント
33

四季に合わせた環境づくり

春は気温の寒暖差に気をつけよう

春の時期は、昼夜の寒暖差に注意しましょう。

春は気温の寒暖差に気をつけよう

春は、日中はポカポカと暖かいですが、明け方や夜はまだまだ冷え込んで寒く、昼間と朝晩の気温に寒暖差がある時期です。人間の体感ではとても暖かくなったように感じて温度管理への注意を怠りがちですが、場合によっては保温したり暖房をいれたりする必要もあります。特に生まれたばかりの赤ちゃんや幼齢、高齢、闘病中などのモルモットにとって急激な冷え込みには注意が必要です。

野草のシーズン

春から夏にかけて野草のベストシーズンが訪れます。

この時期に野草を摘みに出かけて野草をモルモットに与えるのもいいでしょう。旬のものは、季節の変わり目にストレスがかかりやすい体にスタミナをつけてくれるものです。

野草は、犬や猫などの排せつ物や農薬、除草剤が付着していないかを注意して摘みましょう。（ポイント16参照）

換毛促進をしてあげよう

春は冬毛から夏毛に変わる換毛期です。よくブラッシングをして換毛促進をしてください。また、抜けた毛はできるだけこまめに掃除して、部屋の中を舞うような状態を避けましょう。モルモットがエサに付着した抜け毛を食べてしまうと毛球症になる危険性があります。また、飼い主やその家族も、抜けた毛を吸い込むと呼吸器系に良くない影響が起こりかねません。

大型連休に家を留守にする場合は

ゴールデンウイークの時期に入ると帰省や旅行で家を留守にする人も多いかもしれません。

しかし、このゴールデンウイークの時期は寒暖差を予想するのが難しい時期でもあります。日中は真夏のような暑さになることがある反面、朝や夜は寒さが残る場合もあるため、うっかりして暑さ対策をせずに留守にしてしまい、モルモットを熱中症で死なせてしまうといった不幸な事故を起こしかねません。

そうしたことのないように、留守中の管理に不安な場合は、事前にペットホテルや動物病院に預けるのか、ペットシッターさんを呼ぶのか、友人や知人に飼育をお願いするのかなど、どうするのかを考えて準備しておきましょう。（ポイント32参照）

住宅街の道端や公園の片隅で見つけることができるオオバコ

Check!

春は飼い主の環境が変わりやすい時期でもある

春は、入学、卒業、就職、転職、転勤、異動、役職変更、引越しなど、飼い主の環境に変化があることが多い時期です。そのため、自分のことで精一杯になり、モルモットのお世話を怠りがちになります。例えば、残した食べ物や床材として敷いている牧草の腐敗に気づかずにそのまま放置してしまい、その発生したカビやバイ菌によって皮膚病や感染症を発症させたり、重大な病気の発見が遅れてしまうことも起こりがちです。いかなるときでも、モルモットの生命を預かっている飼い主としての自覚を忘れずに、しっかりとお世話をしていきましょう。

ポイント
34

四季に合わせた環境づくり

夏は衛生面や温湿度管理により一層気をつけよう

夏の時期は、衛生面やモルモットの熱中症予防に気を配りましょう。また、ケージ内には水が無くなることのないように注意しましょう。

湿度に注意

梅雨から夏にかけての季節は、高温多湿を好まないモルモットにとっては特に厳しい時期です。

温度だけではなく、湿度にも十分注意が必要です。湿度は40%～60%を保ちましょう。

湿度が高くなるとケージ内の衛生状態も悪くなり、健康を害する病気にかかるリスクも高くなります。

掃除を普段よりこまめに行い、湿度は最高でも70%を超えないように、除湿機を使ってしっかりと管理しましょう。70%を超えてしまうと、モルモットが皮膚病にかかるリスクが高まると言われています。

熱中症に注意

夏の時期は、室内の温度が最高でも30℃以上にならないように管理しましょう。

モルモットの限界温度は、下は10℃、上は30℃だとされています。それ以下もしくは以上の温度だと、命に関わる危険な状態となります。

ケージの設置場所の工夫や風通しを良くするなど自然冷却により室温が快適な範囲内（18℃～26℃、スキニーギニアピッグは20℃～26℃）に収まらない場合は、エアコンを使用してケージのある部屋全体の室温を下げ、さらにケージ内に冷却マットを置くなど、暑さ対策を行ってください。なお。このときにモルモットの体を逆に冷やしすぎないように、エアコンからの送風は直接当たらないように注意し、できればそよ風程度の空気の流れをつくるために扇風機の首振り機能を使ってあげるといいでしょう。

涼感天然石

水の補給とエサの適切な管理が大事

モルモットは主に水を飲んで排尿することで熱を外に逃がします。人間のように発汗によって皮膚から熱を放出したり、犬のように舌から熱を逃がしたりすることができません。

したがって、この時期は、特に新鮮な水を切らさないように注意して下さい。

また、ペレットや野菜などのエサがカビてしまったり傷んでしまったりしやすいため、置き場所として冷暗所や冷蔵庫に保管してしっかり管理しましょう。

対策

その他、夏の対策

この季節の対策として、モルモットを狙う動物にも気をつけましょう。例えば、飼い主が周りが自然豊かな古い民家に住んで、その中でモルモットを飼育しているような環境では、ヘビなどに狙われ、ケージの隙間から侵入される危険性がありますので、置き場には注意しましょう。さらに、昆虫にも注意が必要です。蚊や虻（あぶ）などは血を吸う他、伝染病なども媒介します。蝿は排せつ物の臭いで集まってきて卵を産み付けたり、ゴキブリが侵入してきたりと衛生面で問題が起こりやすくなります。そういった点でも、モルモットが快適に過ごせる場所の確保とこまめな清掃などでの衛生管理に十分注意を払いましょう。

ポイント 35

四季に合わせた環境づくり

秋は冬に向けての保温対策の準備をしよう

秋は冬の寒さに向けての準備期間となりますが、モルモットにとっても食欲の秋です。食べさせすぎに注意しましょう。

秋は肥満に気をつけよう

秋になるとモルモットは冬に向けて脂肪を蓄えやすくなり、モリモリと食欲が旺盛になります。

野生下では冬になると食べられる牧草が減りますが、飼育下のモルモットは安定した食事を摂取することができます。

そのため、十分すぎる栄養を摂ることができ、ともすると肥満になりやすくなります。

この時期はエサを必要以上に与えないようにして、おやつもなるべく控えて、体重管理をしっかり行いましょう。

冬に向けての保温対策

秋は日中と夜とで、寒暖差が激しくなる時期です。季節の変わり目は体調をくずしやすいので、特に早朝の冷え込みと日中の高温に注意してあげましょう。

部屋の温度が20度を下回ったら、冬に向けての寒さ対策を始めましょう。

室内の温湿度管理をしっかり行い、エアコンや小動物用のパネルヒーター、ケージの外側から局所的に暖められるヒーターなどを置いて、保温対策をとるようにしましょう。

ペットヒーターはモルモットにかじられないように対策を施されている商品を選ぶことが得策です。

ポイント 36

四季に合わせた環境づくり

冬は乾燥と温めすぎに気をつけよう

冬は、暖かな環境をつくることはもちろんのことですが、乾燥や温めすぎに注意しましょう。

なるべく暖かい環境をつくる

防寒対策として窓の近くや隙間風が入ってこない、なるべく温かく、温度差があまりない場所にケージを設置するようにしてください。

また、対策として、床材に牧草を多めに入れる、ケージ全体を毛布やタオルケットなどで覆う、ケージの外側を段ボールやウレタン素材などの囲いで覆う、ケージを床に直接置いている場合には床から少し高い位置に上げて置く、などは有効な方法です。

室内の温度は最低でも15度以下にならないように温度調整を行ってください。

暖気からの逃げ場をつくることも大事

ケージ内を過度に暖めすぎてしまうと低温やけどを起こしてしまう危険性があるので注意が必要です。

ケージの下に敷く小型のホットカーペットを利用する場合は、全面を暖めるのではなく、反面程度か一部を暖めて、モルモットが快適な場所を自ら選べるようにしましょう。

また、リビングにモルモットのケージを置いて一緒に過ごす場合は、人間の適温とモルモットの過ごしやすい温度は異なるので、暖房のかけすぎに注意しましょう。

Column 3

小動物と飼育家への思いを持って始めたペットショップ（その1）

現在、神奈川県相模原市で「けんぼの森」という屋号で小動物の自家繁殖と販売をされている川元健一さんに、なぜペットショップを開業したのか、現在の独自の繁殖と販売法についてお話をうかがいました。

ペットショップは小学校時代からの夢

川元さんの生まれは熊本県。お父さんの転勤で相模原市に移り住みました。

小学校からの夢は、野球選手になるかペットショップを開くかでした。

小学校６年生のときの卒業文集には将来の夢としてペットショップを開きたいと書いていたといいます。子どもの頃から小動物が好きで、さまざまな小動物を飼ったといいます。実際にペットショップを開くための準備を始めたのが6年前のこと。運送会社の仕事との掛け持ちでした。最初は何から始めたらよいのか分からず、いろいろと調べたところ、自家繁殖やペットショップを開業するには、動物取扱業の免許（動物取扱責任者）を取得しなければならないことがわかりました。そしてそのためには、動物専門学校を終了した者か、あるいは、動物関連業種の仕事を半年以上行った経験があるか、動物に関連する資格（愛玩動物飼養管理士、家庭動物販売士、動物看護士など）を試験を受けてパスするかのいずれかの必要があります。そのうえで動物取扱業者として所在地の都道府県あるいは政令指定都市の保健所に登録を申請します。それが認められて初めて繁殖と販売免許の取得ができるのです。川元さんは動物関連の資格試験に合格する方法を選びました。

動物取扱業者としてモラルのある行動を志す

そもそも川元さんが小学校の頃からの夢とはいえ、その後違う進路を選んでいたのが、ペットショップを始めたいと強く思ったきっかけは、某大手ペット販売業者のビジネスのやり方に「これでいいのだろうか」と疑問を持ったからだといいます。

まずは、そうした会社はブリーダーから小動物を仕入れて販売しているのですが、店頭に並んで販売されるのがあまりに幼過ぎる個体だということ。本書でもP62に述べていますが、少なくとも幼体は、離乳して独立して自らエサを食べられるまでには時間が必要です。また、離乳までの間は十分に母乳を摂取することが大切です。その時川元さんが感じたのは、離乳しないうちに幼体が販売されていることでした。これでは、十分にその後育っていかない可能性があります。そのことに対して、動物を取り扱う業者としてのモラルに対して危機感をいだきました。つぎに価格です。流通マージンや人件費といった費用が上乗せされていることには当然だなと思う半面、やはりあまりにも利益乗せすぎているのではないか。これでは飼育家のためにならないと思ったということです。

主にこの2つの疑問が川元さんを自分でペットショップを開業して理想の繁殖と販売を実現してみたいという思いに駆られたのでした。

（コラム４に続く）

第4章

ふれ合いを楽しもう

～お互いもっと楽しい時間を過ごすためのポイント～

ポイント37

もっと楽しい時間を過ごすために

鳴き声から感情を読み取ろう

モルモットは自分の感情を鳴き声で伝えます。聴き分けられるようになれば、モルモットとのコミュニケーションがさらに深まります。

モルモットの鳴き声の特徴を覚えよう

モルモットは、もともと群れで行動していたので、他のモルモットとコミュニケーションができるように、さまざまな鳴き声を発することができます。

鳴き声の特徴を覚えて、モルモットが鳴いたときに今どのような状態なのかを理解しておくといいでしょう。

飼い主に甘えたい、構ってほしいとき

構ってほしいときは、「クイクイクイ」「キュキュキュ」「プーイプーイ」と鳴きます。

この鳴き声を発したら、甘えたい、寂しい、構って欲しいという感情を表現しています。

このようなモルモットの感情表現を大事にしてあげてください。

ご機嫌、気持ち良いとき

ご機嫌、気持ち良いときは「プイプイ」と鳴いたり、「グルルル」と喉を鳴らしたりします。

なにか食べたいとエサを催促するとき

なにか食べたいというときは、「プププップププッ」と鳴いたり、やや高めの声で「キュイキュイ」

と鳴いたります。

嫌なときや不満や警戒のとき

嫌だと思ったり、不満や警戒を表現したりしたいときには、低い声で「グルグル」「グルルル」「ドゥルルルル」、甲高い声で「キーキー」と鳴きます。歯をカチカチ鳴らすこともあります。

この状態のモルモットに触ろうとすると噛まれることもあるので、注意しましょう。興奮状態が落ち着くまで、しばらくそっとしておいてあげてください。

オスの求愛の鳴き声

ケージから部屋に出したときなどにメスのケージの周りを走り回りながら「グルルル」と喉を鳴らすような声を出したり、メスを追いかけまわしながらこの鳴き声を出したりします。また、近くにメスのモルモットがいる場合にオスがケージの中でこの鳴き声を出している場合は、求愛の鳴き声であることが多いです。

メスの発情期の鳴き声

メスも「グルルル」と鳴きますが、低めの声で鳴きます。これは発情期のサインです。

オスは性成熟が完了したらいつでも発情しますが、メスの性周期は15～17日間です。

欲求不満やストレスを感じているときにもこの鳴き声をします。

Check!

鳴き声にどんな意味があるのか、よく観察して理解しよう

モルモットは聴覚が敏感であるため、それに伴って言語能力が備わっているといわれています。

鳴き声の種類は多く、その組み合わせ方によって感情豊かに表現しています。

モルモットは穏やかな性格をしているので、基本的に大きな声を出すことは多くありません。

自宅にいるモルモットがどんな状況で、どのようなときにどんな鳴き声を発したのかを理解できるように、よく観察して記録しておくと今後の飼育にも役立つでしょう。

ポイント 38

もっと楽しい時間を過ごすために

ボディランゲージや行動から感情を読み取ろう

モルモットはボディランゲージや行動からもその感情を読み取ることができます。その意味を理解して、コミュニケーションをさらに深めましょう。

元気よくジャンプ

楽しい、嬉しいということを体を使って表現します。

元気よく体を捻りながらジャンプするのは、テンションが高い証拠です。ポップコーンジャンプと呼ばれています。

モルモットはあまり高く飛べませんが、ピョンピョンとジャンプします。また、びっくりしたときも突発的にジャンプします。

気持ち別ボディランゲージや行動表

鳴き声	表わしている気持ち・心の状態
体をひねりながらジャンプ	楽しい、嬉しい
撫でたときに伸びる（目を細めて「キュー」などと鳴き声）	心地良い、嬉しい
甘噛み	甘えたい、遊びたい エサが欲しい
飼い主の前で伸びやあくび、毛づくろいしている	リラックスしている
「クッククック」と鳴きながら歩く	楽しい、嬉しい
オスとメスが一緒のケージにいるとき、メスのお尻の臭いをかいで追いかけ回す	オスが交尾したいとき

モルモットが鳴いてエサをねだっている様子

撫でたときに伸びる

撫でたときにモルモットが心地よかったり、嬉しかったりするときにする仕草です。

目を細めて「キュー」などと鳴き声を出します。そして飼い主の指をペロペロと舐めてきたりします。

甘噛み

モルモットは飼い主に甘えたいときや遊びたいとき、餌が欲しいときに甘噛みをします。

甘噛みをすることで意思表示しているのです。甘噛みはモルモットの愛情表現の1つでもあります。

ただし、甘噛みではなく本気で噛むときは嫌なことをされたり驚いたりしたときです。気持ちが不安定になり、興奮している状態なので注意しましょう。

その他のボディランゲージ

飼い主の前で伸びやあくび、毛づくろいしているときは、リラックスしているときです。

楽しいとき、嬉しいとき「クックククック」と鳴きながら歩きます。

オスとメスが一緒のケージにいるとき、オスが交尾したいときに、メスのお尻の臭いをかいで追いかけ回します。

目を開けたまま寝ているときもあり、これは浅い睡眠なので物音がするとすぐに起き、今まで眠っていなかったかのようなふりをします。

対策

本気で飼い主を噛むとき

本気で飼い主が噛まれるのは、モルモットなりの理由があります。モルモットにとって何か不快な状況にあるということです。

それは、例えば、不安や恐怖を感じていたり、体調が悪かったり、妊娠中で警戒心が高まっていたり、その他のなにかでストレスを感じているときに多いです。

具体的な原因がわかりにくい「その他のなにかのストレス」ですが、例えば、エサや水が足りない、エサや水が古くなっている、ケージの中が汚れているといったこともモルモットにとっては大きなストレスになります。

噛んだ後に、逃げたり隠れたりするような行動が見られるときは、恐怖心を抱いている可能性が高いです。

本気で噛むことが繰り返されるようなら、飼育環境を見直してあげましょう。

ポイント39

もっと楽しい時間を過ごすために

室内散歩をさせよう

散歩や遊ばせる際は、室内の温度（外であれば気温）と安全に気をつけましょう。

室内散歩（部屋んぽ）

モルモットが新しい環境に慣れてきたら室内散歩（部屋んぽ）をさせて遊ばせましょう。

飼い主とのいいコミュニケーションの時間にもなりますし、ストレスや運動不足解消にもつながります。

室内散歩は、危ない場所がないように部屋をきれいに片づけてから行うことが前提です。

また、目を離した隙にモルモットがケガをしたり、物をかじったりしないように、最後までしっかりと見守ってあげましょう（ポイント28コラム参照）。

なるべく毎日同じ時間に行う

一度ケージから出られることがわかるとモルモットはケージから出たがるようになります。

ケージから出られないとストレスで金網かじりを始める個体もいます。

モルモットのストレスを解消して安心させるためにも、室内散歩は、なるべく毎日同時間に行うようにしましょう。

室内散歩の時間の長さ

室内散歩は30分〜1時間ほどで、飼い主が無理のない時間の範囲内でさせるといいでしょう。

時間は長ければ長いほど喜びます。

ケージの入り口を開けておくと、自分で帰っていく個体もいます。個体によってケージの外で遊んでいたいと思う時間に差があるので、そのモルモットの時間はどのくらいかを記録しておくといいでしょう。そうすれば、飼い主にとっても室内散歩させる時間の計画が立てやすくなります。

冬の室内散歩は暖かく

冬はエアコンをかけて温度調整をしても、フローリングの床が冷たいままの状態だと、モルモットの体は冷えてしまいます。対策として、散歩をする範囲の床にマットを敷いてあげるといいでしょう。モルモットの足の滑り止めにもなり、足裏にも優しいです。

他のペットに注意

犬や猫などを一緒に飼っている場合、一緒の部屋にいることはストレスになります。

万が一の事故になりかねません。同じ部屋で遊ばせるのは絶対にやめておきましょう。

対策

その他の散歩時の注意点

室内の散歩では、モルモットが壁紙をかじらないように、ペットフェンスを立てたり、猫の爪とぎ防止シートを貼ったりして対策してください。

布製の物は、食べてしまうとお腹にたまり危険なので、片付けるようにしましょう。

木製の家具の角や木の柱をかじることもあるので、コーナーガードなどを貼っておくことをおすすめします。また、狭い場所に入るのも好きなので、入り込まれたくない場所は塞いでください。

もし室内に高い場所があった場合に、モルモットを高い場所に置いたりするようなことはやめましょう。モルモットは上下運動が苦手です。万が一落ちてしまったときに骨折などのケガをしてしまいかねません。段差などにも注意して、安全な場所に置いてあげるようにしましょう。

外の庭で散歩させる場合は、食べると危険な野草や他の動物に注意してください。

ポイント40

もっと楽しい時間を過ごすために

飼い主と一緒に楽しむ遊びを覚えてもらおう

モルモットとは一緒に遊ぶことができます。そうするためには、まずはお互いの信頼関係を築いてからにしましょう。

動物の学習メカニズムを利用

個体差にもよりますが飼い主が教えれば、いくつかの遊びを覚えてもらうことができます。

飼い主としっかりとした信頼関係を築けるようになったあとで、動物の学習メカニズムを利用して、モルモットにごほうびによる条件づけを行うのです。

ごほうびつまり、おやつを与えながら訓練すると「お手」や「おまわり」、「ハイタッチ」などを覚えるようになります。

おやつを与えるときに名前を覚えてもらおう

ペットとして飼育されているモルモットは、飼い主の声を聞き分けることや覚えることもできます。まずは、おやつを与えるときに名前を覚えてもらいましょう。

やり方は、おやつを用意してモルモットの名前を呼び、床やテーブルなどを軽く叩きます。

そして、モルモットが寄ってきたら、おやつをごほうびとして与えます。

立て

おやつを手にもって口元に近づけてから「立て」と言ってゆっくり手を持ち上げるとモルモットが後ろ足で立とうとします。モルモットが後ろ足を使ったら、そのたびにごほうびでおやつをあげます。これを何回も繰り返すと、おやつをあげる前から「立て」の言葉に反応して後ろ足で立とうとします。

お手

ケージの入り口や段差を利用して、おやつを手にもって口元に近づけてから手の上に片足をかけさせます。そのときに「お手」と言ってごほうびのおやつを与えます。これを何回も繰り返すと「お手」という言葉だけで片足を手のひらに乗せてきます。

おまわり

おやつを用意して、モルモットを近くに呼び寄せます。鼻先におやつを持って行き、匂いを嗅がせておやつを食べたがるか確認します。そのまま匂いを嗅がせながら「おまわり」と言って円を描くように1周まわり、ごほうびにおやつを食べさせます。最初は上手にできないので、ゆっくり円を描いて誘導してあげるといいでしょう。

ハイタッチ

おまわりをしたあとに、おやつを指で持ったまま手のひらを広げます。モルモットが前足で手のひらにハイタッチしたら、ごほうびにおやつを与えましょう。何度か繰り返すとその行為を覚えるようになります。

対策

モルモットを絶対に怒らない

モルモットは警戒心が強いので、遊びを教えるときに大声で怒ってしまうと恐怖心を植えつけてしまい、逆効果です。

飼い主に懐かなくなってしまったり嫌いになってしまったりするので、遊びを覚えなくても絶対に怒らないようにしましょう。

また、長時間遊びを覚えさせようとすると集中力が切れたり疲れてしまったりするので、気をつけましょう。

覚えるスピードも個体によって違うので、モルモットの個性をしっかりと理解して、様子を見ながら行いましょう。

繁殖させるには

繁殖させる際には時期に注意しよう

モルモットを繁殖させるには、成長段階の適切な時期が大事です。飼い主はそのことをよく知ってから行いましょう。

繁殖させるからには責任を持とう

人間と同じように、動物の繁殖は非常に危険で大変なことです。

新たなモルモットをお迎えする場合も同じですが、新たな個体が生まれると、お世話も飼育費も今まで以上になります。

個体によっては、その後8年以上長生きする子もいます。

ただ可愛いからというだけで繁殖させるのではなく、繁殖させると決めたら、愛情と責任を持ち続けて、根気よくお世話をしましょう。

もしも、新しく生まれたモルモットを飼育できない状態であれば、必ず里親を見つけてあげてください。

発情の時期

個体によって異なりますが、オスは生後2ヵ月くらい、メスはもっと早く1ヵ月前後で性成熟を迎えます。

メスの方が性成熟は早い傾向があります。

オスは1年中発情していますが、メスには周期があります。メスの発情期は15～17日周期で1日～2日ほど続きます。

発情期には膣口が丸く開き、赤くなります。この状態で気に入ったオスに会えば交尾可能です。

同じケージ内でのオスとメス

オスの交尾適齢期

オスは生後12ヵ月以内に交尾させましょう。それまでに交尾の経験をしないと、交尾への関心が減少し、いずれは繁殖ができなくなることがあります。そのため、目安としては生後3ヵ月を過ぎ、体重550gを越えたら、早めに交尾を経験させましょう。

メスの妊娠適齢期

メスの性成熟は生後1ヵ月前後です。しかし、この若い時期の妊娠、出産は体にも負担がかかりますし、おすすめできません。

体がしっかりとでき上がる目安としては、体重が500g以上、3～4ヵ月くらいが望ましいです。

なお、生後6～7ヵ月をすぎてしまうと、骨盤の恥骨がくっつき始めて産道が開かずに難産になる恐れがあります。また、生後10ヵ月で自然の出産はできなくなります。そうなると繁殖には手遅れになりかねませんので注意しましょう。

モルモットの妊娠期間は60～80日間

飼育下での繁殖は一年を通して可能ですが、できれば夏や冬の時期はモルモットの体に負担がかかりますので、避けたほうが無難です。

メスの妊娠期間は胎児の数により異なりますが、おおよそ60日～80日です。

Check!

繁殖可能かどうかを最初に見極めよう

メスの体が弱っているときに妊娠や子育てをすると、体に負担がかかってしまうので、避けるようにしましょう。

神経質で怖がりな個体は育児放棄する恐れがあり、繁殖に向いていない可能性があるので注意してください。

また、体がしっかり成長していない若い個体が妊娠すると、本人の成長が妨げられるリスクがあります。生後2ヵ月未満の若すぎる個体の繁殖はおすすめしません。

また、高齢のモルモットや病中・病弱、病後、痩せすぎ、肥満の子も危険が伴うので、避けるようにしてください。

そして、近親交配は体が弱い子や奇形の子が生まれる可能性もあるので、絶対に行わないようにしましょう。

ポイント 42

繁殖させるには

繁殖させるには オスとメスの相性が大事

モルモットを繁殖させるには、正しい手順で行うことが大事です。手順を守って繁殖させましょう。

オスとメスのお見合い

メスは好き嫌いがはっきりしていて、繁殖はメスがオスを受け入れるかどうかにもかかっています。お見合いの方法は、まずは一匹ずつ違うケージにいれて、ケージの距離を近づけて様子を見ます。

このときに、お互いが存在を認識してケージ越しに匂いを嗅ぎ合ったり、鼻と鼻をくっつけたりして、お互いに興味がある素振りを見せたら同じケージに入れます。

同居の手引き

お互いが関心を持つことがわかった場合は、一時的に一緒にケージに入れたり、ケージの外で一緒に散歩をさせたりするようにしましょう。

メスがお尻をあげて甘い声で鳴いていたら発情期が来た可能性が高いでしょう。

ただし、同居を始めてケンカするようでしたら、すぐにケージを離すようにしてください。

ケンカにならなかったり、鳴き声が合ったり、鼻先を合わせたりするようでしたら、相性が良いです。

逆に攻撃的になったり無関心になったりする場合は、双方の相性は悪いので、すぐにケージを別にして他の個体とのお見合いを考えましょう。

妊娠中のモルモットの体重を測る

交尾とその後

交尾は短い時間ですぐに終わります。

同居後にケージ内に膣栓が落ちていたら交尾に成功した証拠です。

膣栓とは、ろうのかけらのような塊で、オスの精液と分泌物が固ってできた物です。受精を確実にするためや他のオスと交尾しないようにつくられる栓です。通常は交尾の後で数時間から48時間くらいを目安に膣からとれて落ちます。

交尾が終わった後は、オスをメスから離して別のケージに入れましょう。

妊娠

交尾した後にモルモットが妊娠したかどうかを外見で判断することは難しいです。

しかし、赤ちゃんがお腹の中で少し大きくなってくると、外からお腹を触って確認することができます。お腹を触るときは優しく触ってください。また、体重の増加でも判断できます。

妊娠の様子を詳しく知りたければ、動物病院で診てもらいましょう。妊娠しているかどうかや胎児の大きさ・数をレントゲンで確認することができます。

事前にお腹に何匹いるのかを動物病院で診てもらうことをおすすめします。

対策

モルモットが妊娠したら

モルモットの妊娠がわかったら、妊娠中の栄養はカルシウムとビタミンを多く与えましょう。

食事の牧草は主にアルファルファを与えるといいです。アルファルファはカルシウム含有量が多いため、カルシウムの補給のために与えましょう。また、ビタミンCを通常よりも多く必要とするため、飲み水にときどきビタミンCの錠剤を破砕して入れるといいでしょう。いつも与えている食事は多めにして、新鮮な野菜も食べさせましょう。

なお、妊娠中もふだんと変わりなく遊んで運動をさせてかまいません。積極的に運動をさせることが妊娠中毒の予防となります。

出産の日が近づいてきたら掃除は控えめにして、いつでも出産できるようにそっとしておいてあげましょう。

ポイント 43

繁殖させるには

出産と子育て
～出産前にはオスモルモットとケージを分けよう～

出産後もメスはすぐに発情するため、オスと一緒にさせておくと連続出産の危険性がありますので気をつけましょう。

モルモットの出産

野生のモルモットは深夜や夜明けに出産することが多いですが、飼育下では出産する時間はモルモットそれぞれによって異なります。

一度に1～6匹の子を産み、通常は頭から子を産み出しますが、逆子で産まれてくる場合もあります。通常24時間以内にすべての子を産みます。

子が産まれたあとに胎盤が出る

全部の子が産まれたあとに最後に胎盤が出てきて、母モルモットはその胎盤を食べて栄養にします。

母モルモットの口や前足に血がついていたら出産後に胎盤を食べ

生まれたばかりの赤ちゃんと母親

た証拠になります。胎盤が出ない場合や難産で出産後も胎盤を食べないでぐったりしている場合は動物病院に行って診察してもらってください。

出産前には必ずオスのモルモットとはケージを分ける

メスのモルモットは出産後、すぐに繁殖可能な体の仕組みになっています。

しかし、出産後に連続して妊娠してしまうと体に負担がかかってしまいます。

オスとケージを一緒にしていると、オスは妊娠したメスに交尾を求める馬乗り行為を止めません。この行為は、妊娠50日以降（妊娠後期）のメスには、痛みやストレスを与えてしまいます。このように、出産中や出産直後に交尾してしまう可能性が高いため、出産前には必ず分けるようにしてください。

人工哺育

産まれてから間もない状態で子供たちは母乳を飲みます。

2匹以上の赤ちゃんが生まれた場合は母乳が足りなくなることがあります。

著しく成長が遅れている子がいたら人工哺育が必要です。2～3時間おきにヤギミルクを与え、赤ちゃんをサポートしましょう。

心配な場合は動物病院に行って獣医師に相談してください。また、状況に合わせて臨機応変に対応するようにしましょう。

対策

分娩後発情

メスは出産後すぐに発情（分娩後発情）して妊娠が可能な状態になります。

通常は、出産後６時間～10時間程度で排卵が再開します。個体にもよりますが、２時間後に排卵が再開してすぐに再び妊娠したという例もあります。

出産後のメスには十分休養をとらせる必要があります。少なくとも次の妊娠までに２ヵ月程度は休ませてあげましょう。そのためにも、その間はケージ内にオスを入れないようにしましょう。

メスは1年間に3度以上は生ませないようにしてあげましょう。また、3歳以上になると出産は危険ですので、その点も飼い主はしっかりと管理していきましょう。

なお、メスから離したオスの居場所ですが、メスのケージに隣接した場所にケージを用意しましょう。オスは今まで一緒だったメスの姿が突然見えなくなったり、声が聞こえなくなったりすることがストレスになるからです。

Column 4

小動物と飼育家への思いを持って始めたペットショップ（その 2）

店舗情報：
小動物専門店　けんぼの森
代表　川元　健一
神奈川県相模原市南区磯部 1759–15
https://www.kenbonomori.com/

相模原市内の住宅にて繁殖&販売

現在は、同じ相模原市ですが、一戸建てを借りてそこで繁殖&販売をしています。

ここに辿り着くまでに、ショップを持つために不動産探しに苦労されたそうです。

よい立地の貸店舗があっても、いざ交渉となるとほぼ借主から断られてきました。そんなある日、ブリーダー仲間の一人からの紹介者で、自分たちは引っ越すので空いた自宅を提供したいとの申し出があり、そこで今の場所で開業することになりました。2019 年 4 月のことでした。

1F がウサギとネコの飼育。2階がその他の小動物のスペースです。

ここに訪れるお客は、相模原市内の方はもとより、横浜市、川崎市、東京都の多摩地域、千葉市や静岡県の沼津市の方などさまざまです。

現在、同店では、モルモットのほかに、デグー、小鳥をメインに繁殖と販売を行っています。

ここでは開店当初からのこだわりから、個体の値段は、飼育家さんに負担が少ないように市価の半額以下での提供。しかも当面のエサもおまけで付きます。また、小動物の子どもを販売する場合は、その親も見てもらってお客に納得したうえで購入していただくようにしております。また、最近ではオリジナルのエサの製造販売にも力を入れており、一番人気なのが、「【けんぼの森】US プレミアムチモシー（ダブルプレス）」です。これはアメリカからの輸入状態のまま 1 ベール（約 30kg 前後）を 2 週間に 1 回程のペースで 3 ベールずつ仕入業者さんまで出向いて入荷しております。 そして、最大 7kg まで入る米袋を利用して計り売りをしています。草食動物にはチモシーは不可欠な飼料ですが、食いつきをよくするには、その鮮度と香りが重要です。しかし、大量に購入する場合、がさばったり重かったりしてお客さまの負担となります。そこで同店では、車が無いという方にはお店からおおよそ 30km ぐらいであれば配達もしています。さらに、遠方の方には宅配便で発送もしております。

モルモットを抱く店主の川元健一さん

人気の【けんぼの森】US プレミアムチモシー（ダブルプレス）

第5章

高齢化、健康維持と病気・災害時などへの対処ほか

～大切なモルモットを守るポイント～

病気やケガへの対処法

病気やケガの種類と症状を知っておこう

さまざまな病気やケガがあることが確認されています。何か様子が変だなと思ったら、動物病院で診てもらいましょう。

角膜炎・結膜炎

角膜は、眼の表面にある透明な組織です。角膜炎は角膜の表面が傷ついてしまったときに起こります。主に多頭飼育時や牧草や乾草などの先端で傷をつけてしまうことで起こる、潰瘍性角膜炎が多く見られます。

一方、結膜炎は「結膜」が炎症を起こす病気です。結膜も主に多頭飼育時における外傷がもとで、クラミジアや細菌感染を起こすことが原因です。

角膜炎・結膜炎の症状・治療

角膜炎は、痛みのため目を閉じたり、まばたきしたりする様子が頻繁に見られるようになります。涙や目やにが多く出ます。また、充血していたり、角膜が白く濁って見えることもあります。

結膜炎は、結膜の充血や炎症が見られ、重症化すると膿性の目やにによって目が開けられなくなります。

どちらも、通常の治療法は抗生物質の点眼薬を投与します。

角膜炎・結膜炎の予防

飼育環境から、突起のある物やトゲのある物など目を傷つけやすい物を排除しておきましょう。特に、多頭飼育で結膜炎を発症した個体が同じケージ内にいる場合、それが細菌性、ウイルス性の場合には、他の健康なモルモットに二次感染することがありますので、直ちに離しましょう。1ケージ1匹で飼育すると病気が伝染するのを防ぐことができます。

不正咬合

不正咬合とは歯がすり減らず過剰に伸び、歯の噛み合わせが悪くなる状態のことです。

野生のモルモットは硬い繊維質の食べ物を噛みきって、時間をかけて咀嚼します。

そのため、歯が次第にすり減ってしまうので、それを防ぐために速いスピードで歯が伸びるようになりました。

しかし、飼育下のモルモットは野生と比べて歯を使う機会が減ります。そうすると、歯が伸びることと減ることのバランスが崩れて、歯がすり減らずに不正咬合になってしまうのです。

また、金網をかじることで歯の噛み合わせが悪くなり、不正咬合になる場合もあります。

不正咬合の症状・治療

固いものが食べられなくなり、食欲が減り、体重も減ります。

口が閉まらなくなるので頻繁によだれを垂らし、いつも顎の下の毛が濡れている状態になります。

よだれを拭いたり手で口の中を触ったりするので前足が濡れていることもあります。

治療は、動物病院に行って歯を削ってもらい、長さや向きを適切に整えてもらってください。不正咬合になったら、その後も定期的に動物病院で検査し、歯を削ってもらう必要があります。

不正咬合の予防

ふだんから牧草とかじるおもちゃを与えるようにしましょう。

特に牧草のチモシー（特に1番刈り）は繊維質が多く、硬さもあるので歯をすり減らすのに適しているので、多めに与えましょう。

また、金網かじりをする子には木製の柵をケージに取り付けて、金網をかじらせないように工夫してください。

虫歯・歯周病

人間と同じように、モルモットも虫歯や歯周病にかかります。

原因は繊維質の少ないエサや糖質が多いおやつを与えすぎてしまうことです。

完治するのは難しく、根気のいる病気なので、虫歯や歯周病にならないように注意しましょう。

虫歯・歯周病の症状・治療

口臭がひどくなり、口の中を痛がったり、よだれがたくさん出るようになったり、歯ぎしりをよくするようになったりします。

この症状が出たら、動物病院に行って診察してもらう必要があります。

虫歯・歯周病の予防

予防のためにも、ふだんから牧草をたくさん与え、糖質の多いおやつは控えめに与えるように徹底してください。

捻挫・骨折

高い場所からの落下やケージ内のわずかな隙間に足を引っ掛けてしまうなど、さまざまな原因でモルモットは捻挫や骨折をしてしまいます。

モルモットは痛みに耐え、病気を隠す動物です。

ケガをして平気そうに過ごしていても、念のために動物病院に行くことをおすすめします。

捻挫・骨折の症状・治療

捻挫や骨折をすると足を引きずって歩く、どちらかの足をかばうようになる、じっとして動かない、うずくまるなどの動きをします。

症状が軽い場合は、痛み止めを服用し、運動を中止して安静にして直す方法もあります。

状態によっては骨折部分をピンで繋げる手術をする場合や足を切断することもあります。

なお、状態の判断は獣医師でないとわからないことも多いため、捻挫や骨折が疑われる場合は、ただちに動物病院に行って診察してもらってください。

捻挫・骨折の予防

ふだんからケージ内を点検し、足を引っかけそうなところがないか、危ない場所はないか確認しておくといいでしょう。

また、必ず座ってモルモットを抱っこすることを習慣づけて、高い場所から落下することがないように気を配るようにしてください。

外傷

外傷の多くはケンカが原因です。多頭飼育で同居しているモルモット同士の相性が悪い場合や繁殖するときにオスとメスのケンカが起こります。

最悪な場合、もう一方のモルモットを死亡させてしまうことがあります。

特に繁殖時に、メスは交尾をするオスを厳しく見定めるので不適切だと思ったオスには尿をかけ、蹴ったり噛んだりして寄せ付けないようにする場合があります。

また、単独飼育の場合も室内散歩中やケージにいるときに、不意に外傷を負う場合もあるので注意しましょう。

外傷の症状・治療

出血や傷、腫れができて、触ると痛がります。

出血が少ない場合は、ガーゼや包帯で止血をしましょう。

しかし、わずかな出血でも大きな傷につながることもあるため、動物病院に行って診察してもらうことをおすすめします。

外傷の予防

ケンカが始まったらすぐに個体同士を離すようにしましょう。一方を別のケージに移してください。

また、室内散歩をさせるときに危ないものが置いていないか、ケージに怪我の原因になりそうなものがないかなどをふだんからチェックしておきましょう。

熱中症

野生のモルモットは寒冷乾燥地帯に生息していたので、暑さや湿度の高さを苦手としています。

気温が26℃以上は注意が必要です。屋外飼育の場合、多湿だと24℃以上で注意が必要になります。

停電でエアコンが止まってしまい、家に帰ったらモルモットが熱中症になっていたというケースがあります。

夏の留守番は十分に注意しましょう。

熱中症の症状と治療

呼吸が浅く早くなり、よだれを垂らし、耳と舌が真っ赤になり、激しい下痢をして、脈も浅く速くなります。

体も熱くなるので、水で冷やしたタオルで全身を包み、ただちに動物病院に行ってください。

治療として、ショック療法や点滴を行います。

熱中症の予防

室内の温湿度管理をふだんからしっかりと行い、ケージを直射日光が当たる場所に置かないようにしましょう。

また、夏場に旅行に行く場合は、モルモットをペットホテルやペットシッターに預けるか友人や家族に様子を見に来てもらうようにしましょう。（ポイント３２参照）

軟便・下痢

軟便は環境の変化によるストレスやおやつの与えすぎ、カビたエサを与えたことによって引き起こされます。

下痢も軟便と同じ原因で起こりますが、1日~2日で治らないようなら動物病院に行きましょう。

また、細菌感染や内部寄生虫の可能性もあります。

血が混じった下痢、激しい下痢、頻繁に下痢をする場合は早急に獣医師に診察してもらいましょう。

軟便・下痢の症状・治療

軟便は糞が茶色で柔らかくなり、モルモットが踏むと潰れます。

また、下痢を引き起こす前には水気のある軟便を出すことが多く、このような状態になったらフンが新鮮な状態のときにラップに包み、すぐに動物病院に行くようにしましょう。

乾燥したフンからは寄生虫疾患を見つけにくくなってしまいます。

下痢の原因が何なのか動物病院で特定してもらい、点滴や寄生虫の場合は駆虫剤を使用して治療します。

また、モルモットがストレスを感じているようでしたら、ストレスを減らせるように工夫をしましょう。例えば決まった世話の手順を決め、毎日その通りに世話するようにするとモルモットも予測不能なことが減り、精神が安定します。

軟便・下痢の予防

お迎えしてすぐやエサを切り替えて間もないときに、環境の変化で軟便になることがあります。

新しいエサに以前与えていた馴染みのエサを少しずつ入れて、切り替えるようにしましょう。

また、愛情を持ってモルモットに接するようにすることでモルモットも飼い主を信用し、精神も安定して、ストレスにも強くなることが期待できるでしょう。

真菌症（皮膚糸状菌症）

真菌症（皮膚糸状菌症）とは、人間でいう水虫に感染した状態のことで、皮膚の病原体に対する抵抗力が低下しているときに、かかりやすい病気です。

また、真菌症の原因として高温度や高湿度での飼育や過密飼育、栄養バランスの悪さ、ストレスなども挙げられています。

真菌症は人にも感染する病気です。

ただし、体調が悪いときなどにしか感染しませんので、免疫力が高い通常の状態であれば感染することはあまりありません。

しかし、飼育しているモルモットが真菌症になったら、飼い主は手洗いをしっかり行い、予防するようにしましょう。

真菌症（皮膚糸状菌症）の症状・治療

脱毛し、皮膚が炎症して赤みを帯びます。発症の原因となった環境を改善し、飼育環境を掃除・洗浄し、乾燥させて消毒します。

治療は、動物病院で抗生物質の投与を行い、患部に軟膏を塗布し、治療を行います。

真菌症（皮膚糸状菌症）の予防

ケージ掃除は毎日2回行い、高温多湿にならないように温湿度管理に気を配るようにしてください。

多頭飼育の場合は、1ケージ1匹で飼育すると病気が伝染するのを防ぐことができます。

細菌性皮膚炎

黄色ブドウ球菌やパスツレラ菌などの細菌の感染などによる皮膚炎です。外傷からの感染により起こります。特にエサの食べ残しや糞尿でケージ内が不衛生な状態であった場合などはより症状が出やすいです。

細菌性皮膚炎の症状・治療

脱毛し、皮膚が炎症して赤みを帯びます。重症化すると患部がただれてしまいます。

細菌性皮膚炎が発症すると、多くの場合モルモットは痒がります。そのため患部を頻繁になめたり、掻いたり、噛んだりします。そのためにさらに傷が悪化しますので、注意が必要です。

発症の原因となった環境を改善し、飼育環境を掃除・洗浄し、乾燥させて消毒します。

治療は、動物病院で抗生物質の投与を行い、患部に軟膏を塗布します。

細菌性皮膚炎の予防

ケージ掃除は毎日2回行い、高温多湿にならないように温湿度管理に気を配るようにしてください。

多頭飼育の場合、この病気のモルモットを放置しておくと、膿や体液でそのモルモットの体やケージを汚すばかりでなく、他の健康なモルモットにも二次感染を起こす恐れがあります。直ちに離しましょう。1ケージ1匹で飼育すると病気が伝染するのを防ぐことができます。

潰《かい》瘍《よう》性《せい》足《そく》底《てい》皮《ひ》膚《ふ》炎《えん》

手足に発症する皮膚炎です。黄色ブドウ球菌やパスツレラ菌などの細菌の感染などによる皮膚炎です。

外傷からの感染により起こります。また、ビタミンCが欠乏しているときにもよく起こります。

潰瘍性足底皮膚炎の症状・治療

四肢の足底の皮膚が炎症して赤みを帯びたり腫れたり、患部がただれたりします。

この病気が進むと周辺の毛も脱毛し、皮膚だけではなく皮下組織も化膿します。重症化すると、丸く膨れて炎症が靭帯や関節まで進み、膿瘍や骨髄炎、関節炎などを引き起こす恐れもあります。

モルモットは痛がって鳴いたり、動くのを嫌うようになります。

治療は、抗生物質の全身投与と、抗生物質の局所塗布を行います。膿瘍を形成している場合は排膿を行います。軽傷の場合は局所塗布だけでも完治することがありますが、治癒までに2～3ヵ月程度はかかります。

潰瘍性足底皮膚炎の予防

ケージ掃除は毎日2回行い、高温多湿にならないように温湿度管理に気を配るようにしてください。

また、金属メッシュなどの硬い床を避け、足に負担が少なく糞尿接触を防止するソフトな床材を選ぶのも効果的です。なお、牧草などの乾草は柔らかいので良いのですが、糞や尿で汚れやすいので、頻繁に清掃ができない場合は衛生的に良くありません。

また、伸びすぎた爪や歯も皮膚を傷つける原因となるため適切な処置が必要です。そのほか、体重過多は患部に刺激を与えてしまうため、狭いケージなどによる運動不足による肥満にも気をつけましょう。

毛球症・腸閉塞

ストレスで自らの被毛や異物を飲み込んで、吐き出せなくなると消化器官が詰まり、便秘や毛球症、腸閉塞になります。

これは、繊維質の少ない食事を与えたことやストレスで消化機能が低下したことが発症の原因として考えられています。

毛球症・腸閉塞の症状・治療

食欲不振になり、水しか飲まなくなるので体重が減り、衰弱していきます。特に腸閉塞の場合は、嘔吐を繰り返したり下痢になることもあります。

また、便も少なくなり、腹部が極度に膨らみ、ショックで気を失ってしまう状態にもなります。

腸が完全に詰まっていない場合は消化管運動を刺激させる薬剤や毛球除去剤の投薬をします。

完全に腸が閉じている場合は鎮痛剤を投与して外科手術を行って治療します。

毛球症・腸閉塞の予防

繊維質が高い食事を与え、ふだんから十分な運動をさせるようにしてください。

また、ストレスがたまらないようにするのが大事です。かじり木などのおもちゃを増やして、室内の温湿度管理もしっかり行うようにましょう。

鼓腸症

お腹の中にガスが溜まってしまう病気です。

ストレスや不正咬合、慢性の消化器疾患など他の病気から併発されることや低繊維のエサを与えたことが原因となって発症します。

鼓腸症の症状・治療

食欲がなくなり、体重が減って、腹部が膨らみ、便の量が少なくなり、下痢をします。

レントゲンを撮って診断し、消化管の運動を刺激する薬や乳酸菌製剤を投与して治療し、積極的に運動させて高繊維質のエサを与えるようにします。

呼吸が荒くなってしまう場合はガスを抜く手術をします。

鼓腸症の予防

おやつを減らして、高繊維質な食事を与え、十分に運動させるようにしてください。

また、ストレスをためないためにも、ふだんからモルモットを驚かせたり怖がらせたりしないように心がけるようにしましょう。

膀胱炎・尿路結石

膀胱炎は主に細菌感染が原因です。尿の結晶成分が膀胱粘膜を損傷して膀胱炎を発症することもあります。

また、モルモットの尿には常在的にカルシウムが多く含まれているため、結石がよく形成されます。カルシウム含有量の多いエサは発生誘因となってしまうので注意しましょう。

膀胱炎・尿路結石の症状・治療

血尿や頻尿、排尿姿勢をとっているのに排尿できていない排尿障害が見られます。重症化すると、腹部の痛みなどで食欲不振や歯ぎしりをするようになり、また、背中を曲げる姿勢になるなどふだんと違う様子が見られるようになります。

また、尿道に結石が形成されますと排尿ができなくなるばかりか、激痛に苦しみます。

治療としては、膀胱炎では一般的に動物病院で抗生物質の投与を行います。結石の場合は、その部位や大きさなどの状況により薬剤治療にするか手術で摘出するか判断して施術が行われます。

膀胱炎・尿路結石の予防

結石の予防対策は日頃から高

繊維質のエサやカルシウム含有量の少ないエサを与えるのが良いでしょう。特にビタミンCやB6には、結石の形成を抑制する効果がありますので予防効果が期待できます。

ビタミンC欠乏症

ビタミンCを体内で生成できないモルモットが、ビタミンC不足になることで発症する病気です。

ビタミンCは、皮膚や血管、粘膜を健康的に維持していくために欠かせない栄養素です。

モルモットはビタミンCを約10～15日間摂取しないでいると、ビタミンC欠乏症を発症すると言われています。

ビタミンC欠乏症の症状・治療

毛並みや毛艶の悪化や、食欲不振、体重の減少、鼻水、歯肉出血、下痢などの症状が見られるようになります。症状が進むにつれて、関節痛も起こし、足を引きずったりじっとしていることも増えていきます。

ビタミンC欠乏症の予防

モルモットにビタミンCを摂取させる必要があります。

「モルモット専用のフード」にはビタミンCが予め配合されていますので、他の動物用フードを与えている場合は直ちに切り替えてください。また、ビタミンCが多く含まれている野菜などを与えたり、ビタミンC剤も販売されていますので、水に溶かしたりして与えるのも良いでしょう。

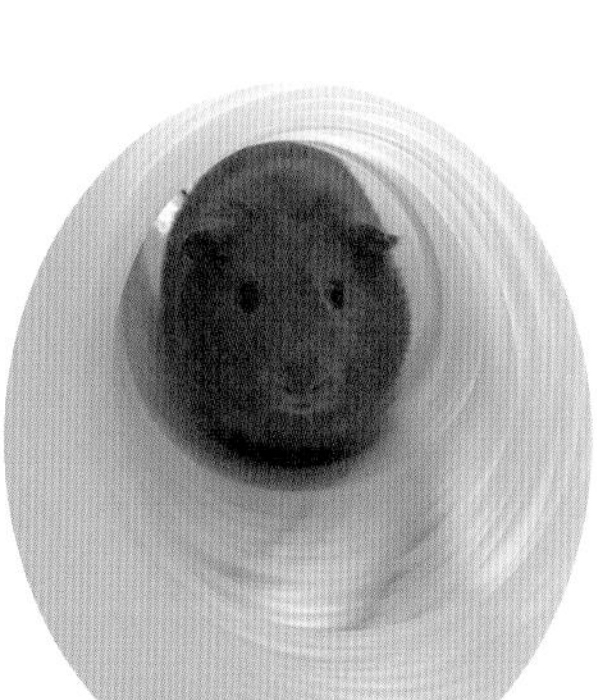

ただし、ビタミンC欠乏症になる要因として、「ストレス」が関係している場合もあります。ビタミンCはストレスがかかることで多く消費してしまうため、日頃からビタミンCを与えていてもこの病気になってしまうのです。もしそうした様子が見て取れたら、ストレスの要因を無くすなど環境の見直しをしてあげましょう。

モルモットに多い症状と考えられる原因・病気

症状	考えられる原因・病気
食欲不振	不正咬合、鼓腸症、便秘、毛球症、腸閉塞、膀胱炎、尿路結石、ビタミンC欠乏症など
脱毛	細菌性皮膚炎、真菌症、潰瘍性足底皮膚炎など
目やに	目にごみが入った、結膜炎、角膜炎、不正咬合など
下痢・軟便	鼓腸症、熱中症、腸閉塞、ビタミンC欠乏症、細菌、寄生虫など
便秘	鼓腸症、毛球症、腸閉塞など
便が小さくなる	鼓腸症、便秘、毛球症、腸閉塞など
後ろ足を引きずっている	外傷、捻挫、骨折、ビタミンC欠乏症など
元気がない	不正咬合、鼓腸症、便秘、毛球症、腸閉塞、熱中症、糖尿病、膀胱炎、尿路結石など
血尿が出る	膀胱炎、尿路結石など
呼吸が浅く早くなる、荒くなる	鼓腸症、熱中症など
体を頻繁にかく	細菌性皮膚炎、真菌症など
ケガをしている	外傷、捻挫、骨折など

ポイント45

病気やケガへの対処法

病気やケガをしたときには、いつも以上の温湿度管理や衛生面での配慮が大切

日頃から細心の注意をしていたのにもかかわらず病気になることもあります。そのようなときの対処法を知っておきましょう。

温湿度管理に十分注意

病気になると、たいていは健康なときよりも体温が下がってしまいます。

そのため、いつも以上に温湿度管理に注意してください。

夏のクーラーの冷やしすぎ、冬の寒さ対策をしっかり行い、隙間風が入ってくる場所がないかなどに気を配りましょう。（ポイント21参照）。

モルモットが過ごしやすいように工夫しよう

排せつ物を片付けていないなど、ケージ内が汚れたままの状態にしておくと他の病気を引き起こしてしまう可能性があります。

ケージ内を清潔に保ち、モルモットが少しでも快適に過ごせるように配慮しましょう。

また、ケージを飼い主が観察しやすく、コミュニケーションが取りやすい場所に置くなど工夫をしましょう。

安静第一で

病気だからといってやたらと気にかけたり触ろうとしたりするとモルモットがストレスを感じてしまいます。

病気になったら、まずは安静にすることが第一です。

モルモットがしっかり休めるように様子を伺いながらも、なるべくそっとしておき、少しずつ声をかけてあげるといいかもしれません。

強制給餌のやり方

モルモットが病気でエサをあまり食べなくなった場合は、飼い主が強制給餌をする方法があります。

牧草やペレットをミルサー（食材を粉末状にする機械）で粉末にして、ぬるま湯でドロドロにします。そして、モルモットを抱き上げるか、タオルで巻いて保定し、シリンジで食事を少しずつゆっくり与えます。

お腹いっぱいになると食べなくなるので、そこで強制給餌を終わらせてください。

無理して与えようとすると気管に入ってしまう恐れもあるので、十分に注意しましょう。

対策

薬を飲んでくれないときには

モルモットが薬を飲まない場合は、薬を果汁100%のジュースやラクトバイト、おやつなどに混ぜて入れるといいでしょう。

モルモットがどうしても薬を拒絶してしまう場合は動物病院に連れて行き、相談してください。

別の方法で治療を行います。

また、自己判断で薬を規定量以上に飲ませたり、途中でやめてしまったりせずに、獣医師の指示に従いましょう。

いざというときのために日頃からシリンジを用いて、練習しておくといいでしょう。

ポイント46

病気やケガへの対処法

動物病院に連れて行くときに注意すべきことを知っておこう

いざ病院に連れて行こうとするときの運び方には、注意すべきことがあります。予め知っておきましょう。

キャリーで持ち運ぶ際の注意点

動物病院に連れて行くときは、小型のキャリーを使用します。移動する際には、振動が少ないようにするなど、できるだけモルモットの体に負担がかからないように工夫をしてください。

モルモットのストレスを軽減させるために、ケージにカバーをつけたりバッグに入れたりしてできるだけ人目にさらさないようにしましょう。

また、病院に行く前に準備期間がある場合は、持ち運び用のキャリーやケージに慣れさせるために、数日前から寝床として使用して、匂いをつけておくことをおすすめします。

キャリー内には牧草を入れておこう

持ち運ぶのに便利なキャリーケース

モルモットは絶食に弱いのでキャリー内に牧草を入れておいて、いつでも食べられるようにしておいてください。

また、排せつ物でモルモットの

体が汚れないように、かじらないようでしたら、ペットシートを敷いておくといいでしょう。

移動距離や待ち時間が長いことも考えて、給水ボトルが設置できるタイプのものが安心です。

外出時の気温などに気をつける

体が弱っているときには特に温度管理に気を配り、夏場は午前中や夕方など涼しい時間を選んで移動してください。冬場は日が出ている時間帯の方が安心です。

そして、夏にはタオルで包んだ保冷剤を、冬には使い捨てカイロをモルモットがかじらない場所に設置するといいでしょう。

病院で診察する前の準備

モルモットの様子がいつもと違い、おかしいとわかったら写真や動画で様子を撮影し獣医師に見せましょう。またそのとき、フンを持って行くといいでしょう。

写真や動画は診察室で探すようなことにならないように、すぐに見せられる場所に保管しておきます。また、診察室に入ると慌ててしまって、症状や伝えたいことが十分に話せないこともあるため、不安に思っていることや気になることを事前にメモにまとめておきましょう。そして、最も診察して欲しいことを明確にして、説明できるようにしておいてください。また、獣医師の説明も大事なことはメモをとるようにしましょう。

Check! 移動の際の確認や気をつけたいこと

車で向かう場合は、夏の車内は非常に熱くなるため、車内にモルモットを乗せる前にエアコンをかけて冷やしておくといいでしょう。冬は先に暖房で暖めておくといいでしょう。短時間でもモルモットを車内に置いたままにしないように注意しましょう。

電車やバスなどの公共交通機関を利用する際には、小動物を乗せても大丈夫か公式のホームページを確認しておきましょう。

ちなみに、JR東日本では、小犬、猫、鳩またはこれらに類する小動物（猛獣やへびの類を除く）であれば、「手回品料金」290円（2023年9月現在／タテ・ヨコ・高さの合計120センチ以内、ケースと動物の重さが10kg以内）で、キャリーやケースに入れた動物と一緒に乗車することができます。ラッシュ時は避けて乗りましょう。

ポイント47

病気やケガへの対処法

かかりつけの動物病院を探しておこう

突発的な病気やケガに備えて、事前に通える動物病院を知っておきましょう。

モルモットはエキゾチックアニマル

モルモットはエキゾチックアニマルとして分類されます。

エキゾチックアニマルとは簡単に言うと犬や猫以外の動物全般のことを指し、ウサギやハムスター、亀、インコ、デグー、チンチラなどもエキゾチックアニマルに該当します。モルモットもエキゾチックアニマルです。

動物病院によっては、犬猫のみを診療しているところも多いので、必ずエキゾチックアニマルを診療している動物病院を探してモルモットを連れて行きましょう。

また、該当する病院を見つけたら、念のために事前に病院に電話してモルモットを診察

動物病院のホームページからはさまざまな必要情報が得られる

してもらえるのかどうかや病気の症状を伝えて確認しておくといいでしょう。

モルモットを飼っている人に相談

モルモットをすでに飼育している人におすすめの動物病院やかかりつけの動物病院を聞くのもいいでしょう。

動物病院の雰囲気や対応、担当の先生の特徴など事前に有益な情報を収集できます。

インターネットで探す

インターネットで「モルモット動物病院（地域名）」「エキゾチックアニマル　動物病院（地域名）」と入力し、家の近くにあるモルモットを診療してくれる動物病院を検索しましょう。

動物病院のホームページには、住所や電話番号、受付時間、病院の特徴、診療してもらえる動物についての情報が記載されています。

ペットショップやブリーダー、里親に聞く

飼育しているモルモットをお迎えしたペットショップやブリーダー、里親にモルモットを診療できるおすすめの動物病院を聞くのもいいでしょう。

同時に、夜間などの緊急時にも対応してもらえる病院を聞いておくと、なにかあったときもスムーズな対応ができます。

対策

定期的に健康診断を受けよう

かかりつけの動物病院を決めたら、病気予防や健康維持のためにも、年に一度は健康診断を受けることをおすすめします。

健康診断には、ポイント24で紹介した日々の健康記録を持って行くといいでしょう。

健康診断では検便や触診、視診、歯の診察、腫れがないかなどを確認し、必要な場合はレントゲンや血液検査をすることもあります。

高齢になったら健康診断に行く回数を増やしましょう。

また、健康診断に行くことによって、獣医師に日頃から気になっていることや悩みを質問したり相談したりすることができます。

そうすると獣医師との信頼関係ができて、いざとなったときにも、かかりつけの獣医師のもとで納得ができる治療を受けられます。

シニアモルモットのケア

できるかぎりストレスフリーな生活環境を整えよう

人と同じで、さまざまな機能が衰えていきます。特にこの時期を迎えるモルモットには、若いモルモット以上に手をかけてあげましょう。

温湿度管理をしっかり行いストレスフリーな生活を

4歳あたりから老年期、シニアと呼ばれる年齢になります。シニアのモルモットを飼育する上で最も大切なことは温湿度管理です。特に、温湿度管理に気を配りましょう。

また、モルモットはストレスに弱い動物です。飼育しているモルモットに合った食事、運動量を見極めて、できるかぎりストレスフリーな生活が送れるように、工夫してください。

また、次に説明するケージのレイアウトや食事内容を変更するとき、高齢の場合は急な変化にストレスを感じやすいので、少しずつ行うようにしましょう。

ケージ内の配慮

給水ボトルや牧草入れは、モルモットが楽に届く位置や場所に付けましょう。

床にスノコを敷いている場合、足の引っかかりによるケガを防ぐために、柔らかいチップや牧草な

シニアモルモット

どの床材を敷いた上での生活に変えてあげると安心です。また、かじり木があると、足を引っかけてしまう恐れがあります。引っかけることのない形状のものに変えましょう。

ケージの高い場所に移動できるステップやハウスを使用している場合は、転落をふせぐために取り除いたり、レイアウトを変更して段差を減らして低くしたり、また、チップや牧草などの床材の量を増やすなど工夫をしましょう。

食事の工夫

歯の健康が維持できるように、なるべく咀嚼回数が多くなる牧草ペレットなどを与えるなど工夫してください。

歯で噛むことが難しい場合や病気のときは、ペレットをふやかしたり柔らかい牧草を与えたりしましょう。牧草やペレットをまったく食べなくなったときは、粉末の流動食を与える方法もあります。

モルモットの介護食

自分でエサを食べられなくなってしまった場合は飼い主がエサを与えましょう。

何も食べなくなってしまうと死んでしまうので、何か食べられるものを食べさせてあげることが大事です。

ライフケア（粉末フード）やモルモットが好きな食べ物をミルサーで粉末にして、強制給餌を行いましょう。（ポイント45参照）

対策

飼い主も無理せず、心身健康な状態を保てるように工夫しよう

飼育しているモルモットの介護をしていて、飼い主も落ち込んでしまったり不安定な気持ちになってしまったりすることもあるでしょう。

しかし、飼い主が精神的ストレスを抱え、病気になってしまったら、モルモットを看病することもできなくなってしまいます。

落ち込んだら誰かに愚痴を話したり、ときには友人・知人・家族にお世話を手伝ってもらったりして心身ともに健康に過ごせるように工夫するようにしましょう。

今はつらいかもしれませんが、愛情を込めて介護すれば、必ずモルモットにもそれが伝わることでしょう。

ポイント 49

災害時の対応

あらかじめ避難の準備をしておこう

いつなん時襲ってくるかわからない自然災害。大切なモルモットを守るために防災対策をしておきましょう。

飼い主が自発的にモルモットを守ろう

日本は他の国に比べて地震や台風などの災害が多い国です。

災害時に備えて、モルモットと避難する方法を知っておきましょう。

まずは、事前に自分が住んでいる地域の避難場所を確認し、避難経路をチェックします。そして、人とモルモットの避難グッズを用意してください。

モルモットの避難グッズは最低でも1週間ほど用意しておくことをおすすめします。

モルモットが好きな食べ物を把握しておこう

モルモットは、ストレスでまったく食べ物を食べなくなってしまうこともあります。

そうならないように、日頃からモルモットの好物をできるだけたくさん把握しておき、災害時には好物を与えて、しっかりと食事ができるようにしましょう。

日頃から防災訓練を行う

災害に備えて日頃から、何分でモルモットをキャリーに入れられて何分で家を出られるのか時間を測って、防災訓練を行うのもいいでしょう。

緊急時にモルモットを動物病院に連れて行くときの練習にもなりますし、いざというときにも慌てずに行動できるかもしれません。

避難用のキャリー

避難所で長時間過ごすことを考えると避難用キャリーはボトルをつけられるタイプで、モルモットが脱走しないような頑丈なものを選ぶといいでしょう。

また、万が一のことを考えてキャリーに連絡先を書いた名札をつけておくことをおすすめします。

対策

避難時の持ち物チェックリスト

すぐに持ち出せるように、以下の避難グッズを事前に用意しておくと、万が一のときでも安心です。

- □持ち出し用のキャリー
- □キャリーカバー
- □エサ入れ
- □給水ボトル
- □ビニール袋
- □飼育日記
- □食料(約1週間分)
- □飲み水
- □ペットシーツ
- □新聞紙
- □ウエットシート
- □動物病院の診察券
- □使い捨てカイロ
- □保冷剤
- □スポイト
- □薬類
- □除菌消臭スプレー

また、SNSなどでモルモットの飼い主同士で連絡を取り合い、随時情報交換を行う
いいでしょう。

ポイント 50

モルモットとのお別れ

お別れのあとをどのように弔うかを決めておこう

命の終わりは必ず来ます。その日を迎えるときのために、飼い主が心得ておくことがあります。

感謝の気持ちでさよならを

とても悲しいことですが、いつかは可愛いモルモットとさよならを言わなければいけない日が訪れます。

愛するモルモットが旅立つ日まで、後悔のないように愛情を持って接し、最後は感謝の気持ちを持って温かく見送りましょう。

モルモットも、天国から飼い主がいつまでも悲しんでいる姿を見るよりも、幸せに過ごしている姿を見たいはずです。

また、万が一自分に何かが起きた場合を想定して、モルモットをどうするかを考えてノートに残しておきましょう。

モルモットを自宅の庭に埋める場合

自宅に庭がある場合は、庭に埋葬することができます。

ペット葬儀屋さん選びの心得

物の火葬業者には基本的に法的規制がありませ
ですので、以下の心得を基本とし、ペット葬
ん選びは慎重に行うことが大切です。

1社だけではなく複数の葬儀屋さんに見
ること

もり依頼の際は、ペットの種類、大
情報を伝え、オプション料金を含
確認すること

者がいれば相談すること

る場合は、生前に一度は足